SKODA
LASTWAGEN UND BUSSE

Michael Dünnebier

Motor
buch
Verlag

IMPRESSUM

Einbandfotos und -gestaltung : Ralf Weinreich

ISBN 978-3-613-04562-0

1. Auflage 2023

Sie finden uns im Internet unter:

WWW.MOTORBUCH-VERLAG.DE

Lektorat: Joachim Kuch
Innengestaltung: Ralf Weinreich, Halle/S.
Druck und Bindung: Conzella, 85609 Aschheim-Dornach
Printed in Germany

(Foto: ERWE)

INHALT

Vorwort

Bereits seit vielen Jahren widmet sich der Autor der Geschichte und Entwicklung von osteuropäischen Automobilherstellern und deren Erzeugnissen. Dabei ist diese Eingrenzung nicht streng geographisch zu verstehen. Sie bezieht sich eher auf den Wirtschaftsraum des ehemaligen Ostblocks, deren Staaten überwiegend im RGW / Comecon zusammenarbeiteten. Dazu gehörte auch die Tschechoslowakei, deren leistungsfähige Fahrzeugindustrie eine lange Tradition hat.
Dem Verfasser war es ein Anliegen, nach der bereits veröffentlichten Monographie zu den Tatra-Lastkraftwagen, nun auch eine Publikation zu Skoda-Nutzfahrzeugen vorzulegen. Dabei wird dieser Begriff nicht eng gefasst und auch Vorläuferbetriebe und verbundene Unternehmen sind Gegenstand der Betrachtung. Erstmals wird in deutscher Sprache ein Überblick geboten zu den leichten und schweren Lastwagen, Omnibussen und Obussen, die den Markennamen Skoda tragen, obwohl sie aus verschiedenen Herstellerwerken stammen. Dieser Umstand lässt sich nicht nur aus firmenhistorischen oder technischen Gründen erklären, sondern findet seine Ursache auch bei planwirtschaftlich administrativen Entscheidungen aus der sozialistischen Ära. Nur so ist es zu verstehen, dass heute zwei voneinander unabhängige Unternehmen in Pilsen und in Mlada Boleslav existieren, die Fahrzeuge unter dem Skoda-Zeichen anbieten. Als die Arbeiten an diesem Buch begannen, war allerdings

(Foto: ERWE)

noch nicht abzusehen, dass Mitte 2022 ein Vertrag diese Situation regeln würde.
Im Hinblick auf die langjährige Unternehmensgeschichte und die große Typenvielfalt war eine Auswahl und Begrenzung auf wichtige Baureihen, Fahrzeuge und besondere technische Entwicklungen notwendig. Im Sinne der Übersichtlichkeit konnten nur die Grunddaten ausgewählter Lastwagen und Busse eingebunden werden. Eine komplette Zusammenstellung aller technischen Angaben und Details war im gegebenen Rahmen nicht möglich.
Neben den eigenen Archivbeständen waren die Buchveröffentlichungen von Petr Kozirek und Jan Kralik, Karel Vaclavik, Frantisek Kusovsky und Martin Harak wichtige Quellen.

Die Arbeit an diesem Buch wäre ohne die freundliche Unterstützung von Freunden und Kollegen, die mit Rat und Tat zur Seite standen, nicht möglich gewesen. Allen danke ich vielmals. Ausdrücklich genannt seien Martin Harak, Tibor Buzak und ganz besonders Ralf Weinreich, der die Entstehung dieses Buches intensiv unterstützt hat.
Mein spezieller Dank gilt Lukas Nachtmann vom Skoda Auto Archiv in Mlada Boleslav, der wertvolle Informationen und Bildmaterial zur Verfügung stellte.

Dr. Michael Dünnebier Dresden im Januar 2023

Einführung

(Foto: ERWE)

RA

Das zwischen 1905 und 1925 verwendete Kühler-Markenzeichen von Laurin & Klement. (Foto: MDü)

Wenn noch bis vor wenigen Jahren von den Lastwagen und Bussen der Marke Skoda die Rede war, ging es meist um die aus der Zeit der sozialistischen Planwirtschaft stammenden Fahrzeuge, die aber nicht nur auf den Straßen der DDR und den anderen Ostblockstaaten im Einsatz waren, sondern auch mit dem Deutrans-Zeichen auf westlichen Autobahnen.

Während die besonders in Nordböhmen gebauten Skoda-Lkw seit dem Jahr 2003 Geschichte sind, hat die Pilsener Skoda Group bis heute Obusse und Omnibusse im Angebot und versucht, mit modernen Antrieben Marktanteile zu erlangen.

Die Geschichte der bis 1945 in Mlada Boleslav gebauten Skoda-Nutzfahrzeuge ging zurück auf die dort seit 1895 bzw. 1907 ansässigen Firmen Laurin & Klement und RAF. Erst seit dem Zusammenschluss mit der Automobilabteilung des Pilsener Großunternehmens Skoda trugen seit 1925 auch die Fahrzeuge aus Mlada Boleslav diesen Markennamen. Das heute weltbekannte, runde Zeichen mit dem geflügelten Pfeil wurde im Dezember 1923 für das Unternehmen Skoda Pilsen markenrechtlich geschützt und wird seit 1926 in der heute noch bekannten Grundform genutzt. Bis zum Ende des Zweiten Weltkrieges gab es mehrfache Wechsel der Nutzfahrzeugproduktion von Skoda zwischen den Standorten Pilsen und Mlada Boleslav.

Zu einer grundlegenden Veränderung führte die Verstaatlichung des Skoda-Konzerns im Oktober 1945, der dabei auch in verschiedene Einzelgesellschaften aufgeteilt wurde. Die Nutzfahrzeugproduktion in Pilsen wurde weitgehend eingestellt und das Fertigungsprofil in Mlada Boleslav auf Personenkraftwagen konzentriert. Die Montage der noch bis 1945 entwickelten Lastwagen Skoda 706 R und des Busses 706 RO wurde zum Avia-Werk nach Prag verlagert, wobei administrativ festgelegt wurde, den Markennamen Skoda beizubehalten. Mit der erneuten Umlagerung der Produktion ab 1951 nach Nordböhmen hießen die dortigen Werke zwar LIAZ und erhielten sogar ein eigenes Warenzeichen. Trotzdem schloss dieses Unternehmen im Herbst 1954 mit Skoda Pilsen eine Vereinbarung über die Weiterverwendung des Skoda-Markennamens, hauptsächlich gedacht für Exportzwecke. Diese Einschränkung wurde aber nicht konsequent eingehalten. Die bei LIAZ gebauten Lastwagen trugen bis 1983 weiter den Namen Skoda, teilweise in

Kühlerzeichen an einem leichten RAF-Lastwagen des Typs FW 25 von 1909 im Technischen Nationalmuseum in Prag. (Foto: MDü)

Kombination mit dem Schriftzug LIAZ. Dann setzte das Pilsener Unternehmen seine Warenzeichenansprüche gegenüber LIAZ durch und ab 1984 fiel die Bezeichnung Skoda für die LIAZ-Lastwagen weg. Bei den Omnibussen war der Markenname bereits mit den ab 1964 eingeführten Typen auf Karosa umgestellt worden. Lediglich ein kleines, rundes Skoda-Emblem deutete noch auf die verbauten Aggregate hin.

Erst mit der Übernahme der LIAZ-Werke durch die Skoda AG in Pilsen im Jahr 1995 wurde entschieden, das Markenzeichen Skoda auch für die LIAZ-Lastwagen wieder zu verwenden.

Die Skoda Group in Pilsen nutzt ihr traditionelles Warenzeichen mit dem gefächerten Pfeil bis heute für ihr umfangreicges Angebot, zu dem bereits seit den 1940er Jahren auch Obusse und inzwischen verschiedene Omnibusse gehören.

Der schon seit 1946 auf die Pkw-Fertigung festgelegte Betrieb in Mlada Boleslav durfte die Skoda-Marke weiter

Nach der Übernahme von Laurin & Klement durch Skoda trugen ab 1925 alle Fahrzeuge aus dem gemeinsamen Typenprogramm das ovale Skoda-Zeichen am Kühler. (Foto: MDü)

Das seit 1926 bis heute mit Modifikationen verwendete Skoda-Markenzeichen.

nutzen und behielt sie auch, als der Betrieb 1991 von der Volkswagen AG übernommen wurde. In der Folge gab es über viele Jahre Streitigkeiten zu den Markenrechten zwischen den Unternehmen in Mlada Boleslav und Pilsen. Eine Umfrage ergab, dass die Marke Skoda in der allgemeinen Wahrnehmung überwiegend mit der Pkw-Herstellung in Verbindung gebracht wurde.

Zwischen der PPF Group, dem Haupteigentümer von Skoda Pilsen, und der Firma Skoda-Auto als Teil des Volkswagen-Konzerns wurde letztendlich im Juni 2022 eine Vereinbarung zur Beendigung der Streitigkeiten geschlossen. Demzufolge wird das Unternehmen in Pilsen ab 2030 auf die Verwendung des Markennamens Skoda verzichten, womit die Geschichte der Skoda Lastwagen und Busse wohl beendet sein dürfte.

Im Jahr 1937 wurde das Skoda-Emblem durch einen Schriftzug ergänzt.

Bis 1983 konnte das Unternehmen LIAZ auch eine Kombination mit dem Skoda-Emblem und dem Schriftzug benutzen.

Diese Art des Firmenlogos ziert den Kühlergrill eines Skoda-Lkw.

Der schlichte LIAZ-Schriftzug als alleiniges Markensymbol von 1984 bis 1995.

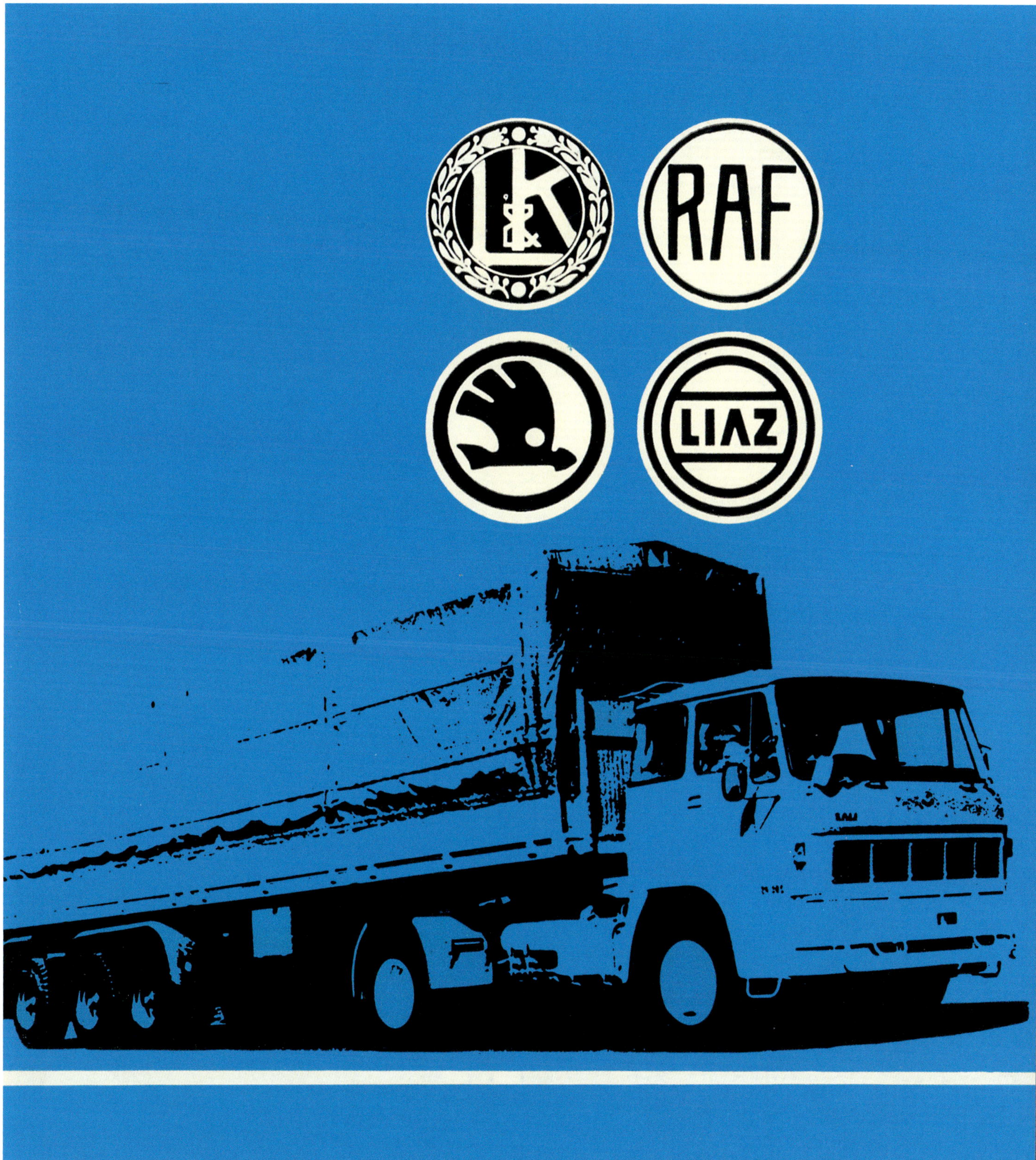

Das Unternehmen LIAZ warb im Jahr 1976 auf dem Titel einer Werbebroschüre mit klassischen und aktuellen Markenzeichen.

Unternehmensgeschichte und Fahrzeugtypen bis 1945 –

Laurin & Klement / RAF / Skoda

Der Lastwagen-Typ DL von 1910 erreichte mit Gummibereifung eine Höchstgeschwindigkeit von 16 km/h. (Foto: AS)

Es gelang Laurin & Klement, zunehmend auch Exportaufträge zu requirieren.

Bemerkenswert war neben der Lieferung von Post-Dreirädern nach Mexiko ebenfalls 1908 der Gewinn einer Ausschreibung der Postverwaltung von Montenegro. Sie betraf einen Lastwagen und 7 Omnibusse für den Betrieb auf den engen und kurvenreichen Straßen des Landes. Laurin & Klement verkürzte dazu den Radstand des von 1906 bis 1909 in insgesamt 15 Exemplaren gebauten Typs E und ordnete den Fahrerplatz über dem Motor an, womit bereits zu dieser Zeit eine Frontlenkerbauweise genutzt wurde.

Bis zum 1. Weltkrieg hielten sich die Fertigungszahlen der einzelnen Lastwagenbaumuster noch in überschaubaren Größen, wie z.B. bei den Typen DL 20, DL 30 und DO, von denen zwischen 1909 und 1912 ganze 18 Stück montiert wurden. Ausgerüstet mit einem 24-PS-Vierzylindermotor konnten die DL-Lastwagen zwei bzw. drei Tonnen transportieren. Das Getriebe war in der Mitte des Fahrzeugs angeordnet. Der Antrieb zur Hinterachse erfolgte noch mittels zweier Ketten. Auf Basis des Typs D lieferte Laurin & Klement auch einige DO-Omnibusse, die 12 bis 18 Fahrgäste befördern konnten.

Die speziell für Montenegro ab 1908 gebaute Ausführung des Typs E als Omnibus und als Koffer-Lastwagen. (Foto: AS)

Ein wichtiger Schritt zur Erweiterung der Fertigungsmöglichkeiten von Laurin & Klement war 1912 die Übernahme der **Reichenberger Automobilfabrik - RAF.**

Dieses Unternehmen wurde 1907 durch Baron Theodor von Liebieg gemeinsam mit zwei Geschäftspartnern gegründet.

Liebieg hatte bereits im Alter von 19 Jahren die Leitung des familiären Textilimperiums mit 14 Einzelunternehmen übernommen und er stand technischen Neuerungen sehr aufgeschlossen gegenüber. Besonders um die Entwicklung des Automobilismus in Böhmen und Mähren hatte sich Baron von Liebieg verdient gemacht. Er besaß den ersten Führerschein der Habsburger Monarchie und er war Gründer des Deutsch-Tschechischen Autoklubs. Er war es auch gewesen, der 1894 mit einem Benz Victoria die erste Automobilfernfahrt über 939 Kilometer von Böhmen bis an die Mosel unternommen hatte. Außerdem beteiligte er sich regelmäßig an Automobilrennen.

Theodor von Liebieg unterstützte in Nesselsdorf die Hinwendung des späteren Tatra-Werkes zum Automobilbau, auch indem er die Lieferung eines Benz-Zweizylindermotors vermittelte. Damit wurde der 1897 montierte »Präsident«, das erste Automobil aus Böhmen und Mähren, angetrieben.

Es kann also nicht verwundern, dass Theodor von Liebieg sich mit der Gründung der Firma RAF im Jahr 1907 auch selbst dem Automobilbau zugewandt hatte. Dazu erwarb er von Christian Linser die Automobilsparte von dessen Reichenberger Maschinenbau-Unternehmen. Die Firma Linser hatte im Jahr zuvor auf der Automobilmesse in Wien einen Personenwagen vorgestellt, dessen Konstruktionsunterlagen nun mit an die RAF übergingen. Theodor von Liebieg zielte darauf, ein breites Programm besonders hochwertiger Automobile anzubieten. Den Personenwagen folgten bald auch Lastwagen und Kommunalfahrzeuge sowie Omnibusse. Die Aufbauten der RAF-Wagen stammten auch von anerkannten Herstellern, wie Petera & Söhne aus Vrchlabi (Hohenelbe) und Engelmann aus Warnsdorf.

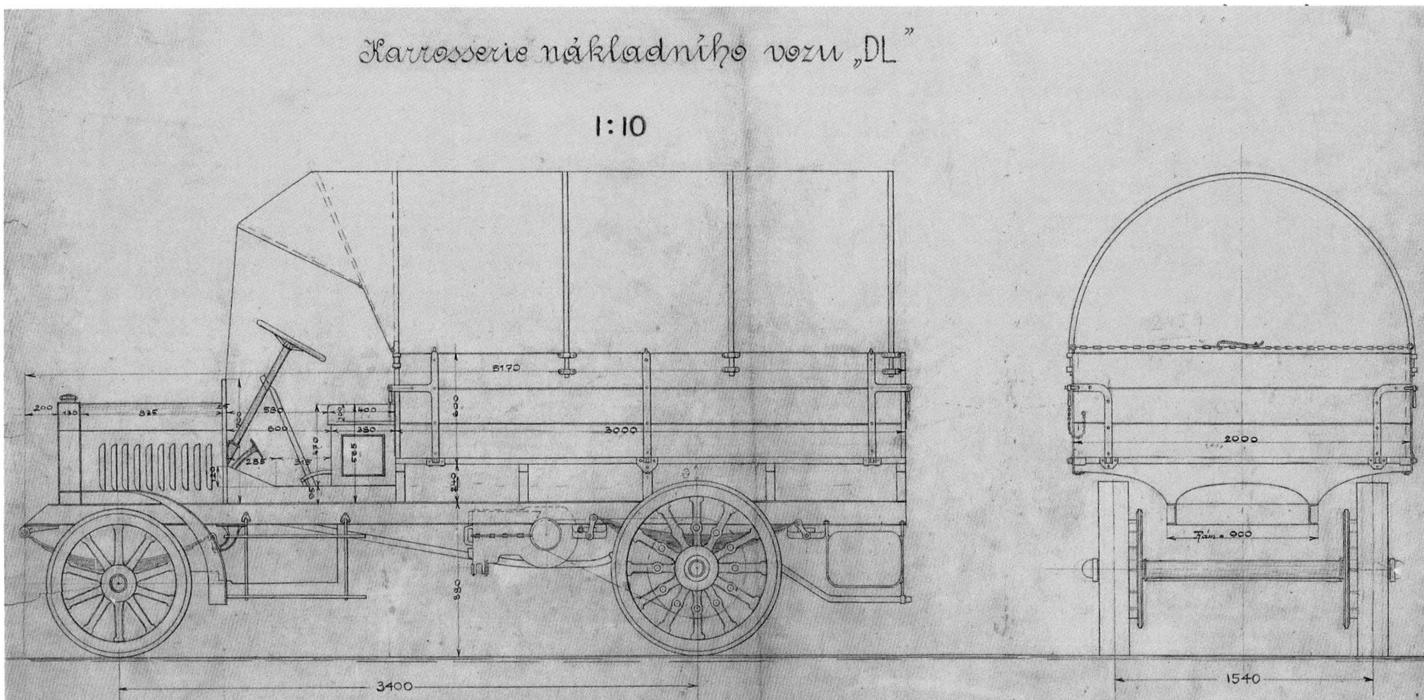

Die Zeichnung eines Pritschenlastwagens Typ DL vom Dezember 1908 aus dem Werksarchiv in Mlada Boleslav. (Foto: AS)

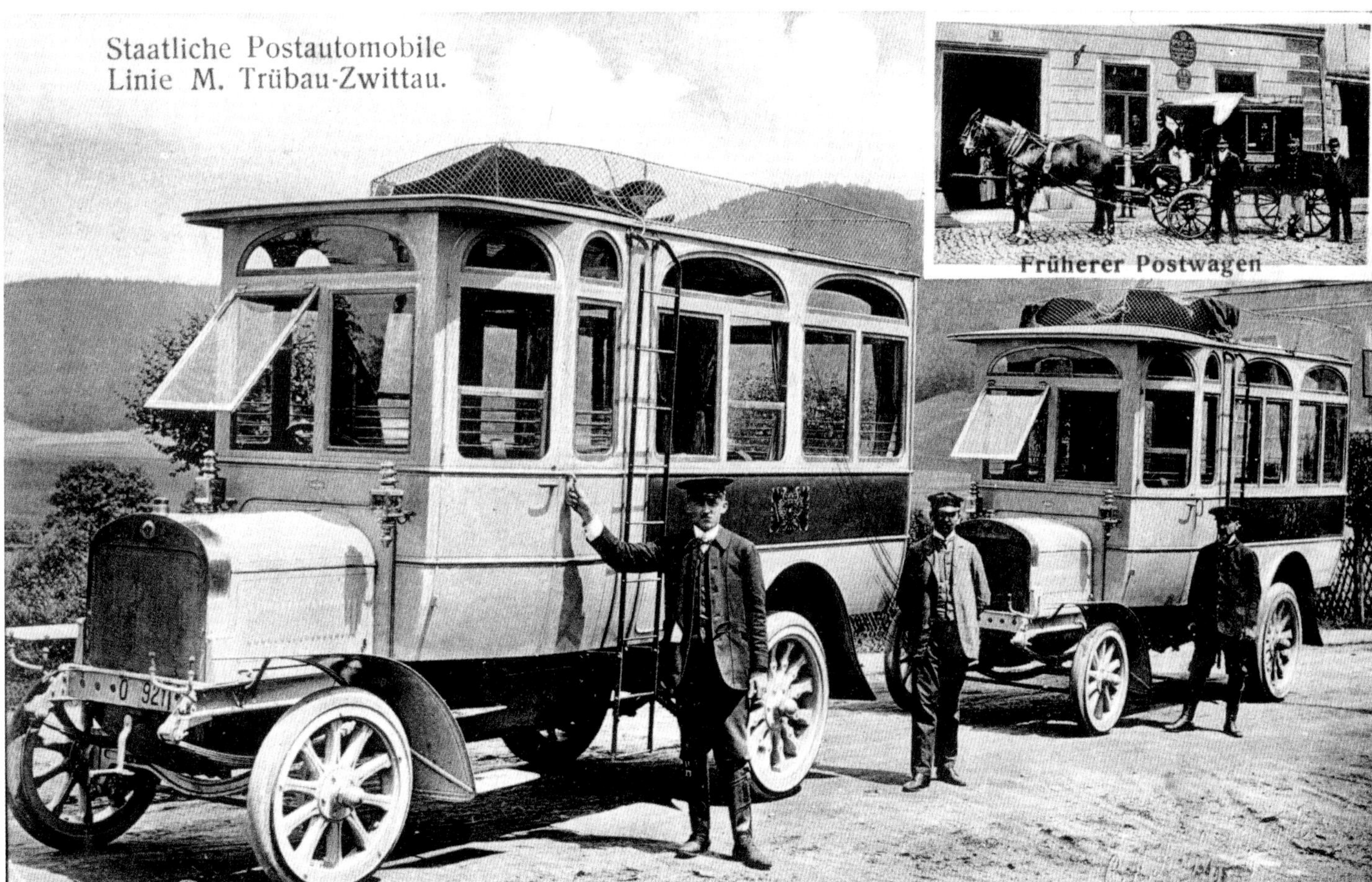

Zwei Busse der staatlichen Postverwaltung vom Typ DO auf der Strecke von Moravske Trebova (Mährisch-Trübau) nach Svitavy (Zwittau). Der Fortschritt zu den Pferdekutschen wird optisch besonders deutlich gemacht. (Foto: AS)

Das Titelblatt des Prospekts für 24-PS-Nutzfahrzeuge zeigt auch das 1908 eingeweihte RAF-Werk in Liberec-Ruzodol. (Foto: AS)

Die RAF-Wagen waren technisch fortschrittlich und qualitativ anspruchsvoll. Für die Motoren hatte RAF eine Lizenz der Knight-Konstruktionen erworben, bei der anstelle von Ventilen die Ansaug- und Auspuffphase durch Hülsenschieber gesteuert wurde.

Diesem frühen RAF-Lieferwagen ist die Abstammung vom Pkw deutlich anzusehen.

Außerdem respektierte RAF auch spezielle Kundenwünsche und man belieferte angesehene Kunden, wie Mitglieder des Adels, Unternehmer und kirchliche Würdenträger. Die Folge waren aber zu geringe Fertigungsserien und hohe Preise, was letztlich bei RAF zu finanziellen Problemen führte. Baron von Liebieg, der auch im Verwaltungsrat von «Laurin & Klement« tätig war, entschloss sich deshalb 1912 zum Verkauf von RAF an das Unternehmen in Mlada Boleslav.

Die Fertigungsprogramme beider Firmen wurden zusammengeführt und der Markenname RAF noch bis 1914 erhalten. Ökonomische Schwierigkeiten infolge des 1. Weltkrieges führten aber 1916 zur Einstellung der Fertigung bei RAF und zur Verlagerung des gesamten Maschinenparks in das Werk von Laurin & Klement nach Mlada Boleslav.

Im Technischen Nationalmuseum in Prag ist mit dem Typ FW 25 (18/22 PS) von 1909 ein leichter RAF-Lastwagen erhalten. Dessen Kastenaufbau wurde 1976 vom LIAZ-Werk in Holysov rekonstruiert. (Foto: MDü)

Ein RAF-Lastwagen von 1910 in Frontlenkerbausweise, mit 40-PS-Motor, Kardanantrieb und einer Tragfähigkeit von 3,8 Tonnen.

Der Typ HO (1910-1912) gehörte zu den RAF-Omnibussen, die mit Teilezulieferungen von Laurin & Klement hergestellt wurden. Hier zu sehen in einer auch als »Charabanc« bezeichneten Ausflugsvariante.

Besonders nach der Präsentation zur Prager Bierbrauer-Ausstellung 1911 entwickelte sich der Verkauf von Lastwagen der Marke Laurin & Klement sehr positiv. Dazu gehörte ab 1914 auch der Typ MS in Pritschenausführung. (Foto: AS)

Mit dem Beginn des 1. Weltkrieges hatte Laurin & Klement im Rahmen der beauftragten Rüstungsproduktion auch die Fertigung von Lastwagen ausgebaut. Zunächst entstand ab 1914 der Typ MS mit 35-PS-Motor und einer Nutzmasse von 1,5 – 2 Tonnen, von dem bis 1920 in 6 Serien insgesamt 253 Stück gefertigt wurden.

Dann hieß die modifizierte Variante Typ 500. Davon baute man in Mlada Boleslav zwischen 1923 und 1926 ganze 100 Exemplare. Es folgte eine aufgelastete Ausführung mit 2,5 Tonnen Nutzmasse als Typ 505. Davon

Laurin & Klement Typ MS mit Kofferaufbau für die Beförderung von Personen und Lasten, die für die serbische Post nach Belgrad geliefert wurden. (Foto: AS)

wurden von 1926 bis 1933 genau 434 Lastwagen und 37 Niederrahmen-Fahrgestelle montiert.

Bereits 1920 hatte Laurin & Klement eine stärkere Ausführung des Typ MS mit 40 PS vorgestellt, von dem bis 1923 immerhin 390 Fahrzeuge verkauft werden konnten. Es folgten mit dem gleichen Motor 108 Stück des modifizierten Dreitonner-Typs 540.

Eine weitere Überarbeitung führte im Jahr 1925 zum Typ 545 mit vier Tonnen Nutzmasse. Von der Reihe MS / 540 / 545 konnten bis 1927 mehr als 600 Stück abgesetzt werden.

Eine Besonderheit war der Typ MS / 545 als Sattelzugmaschine in Kombination mit verschiedenen Aufliegern nach dem System Martin. Dazu hatte Laurin & Klement eine Lizenz von der amerikanischen Firma Martin Rocking Fifth Wheel Company erworben. Im Angebot war auch ein Omnibus-Sattelzug, der erstmals zum Prager Autosalon 1924 zum Einsatz kam. Solche Fahrzeuge sind auch auf der Buslinie von Prag nach Zbraslav und sogar im ungarischen Budapest genutzt worden.

Omnibus für das Karlsbader Grandhotel Pupp von 1927 auf einem Fahrgestell des Typs MS/500. (Foto: AS)

Eine Luftaufnahme von 1926 des im Ausbau begriffenen Werkes in Mlada Boleslav nach der Fusion mit Skoda. (Foto: AS)

Der Skoda-Konzern und seine Fahrzeugabteilung

Das Pilsener Großunternehmen Skoda basierte auf einer 1859 von Ernst Graf von Wallenstein-Wartenberg gegründeten Gießerei und Maschinenfabrik. Im Jahre 1866 trat Emil Skoda als Hauptingenieur in den Betrieb ein, den er drei Jahre später übernahm. Stahlerzeugung und -bearbeitung waren zunächst die Schwerpunkte des Unternehmens. Im Jahr 1886 begannen Versuche mit gepanzertem Material, was 1890 zur Gründung einer Rüstungsfabrik führte.

Im Jahr 1899 überführte Emil Skoda das Unternehmen in eine Aktiengesellschaft um neues Kapital für die Erweiterung der Tätigkeitsfelder zu bekommen. Dazu gehörten auch Bergwerke, Hüttenbetriebe, Ziegeleien und diverse Maschinenfabriken. Besonders die Rüstungssparte wurde stark erweitert. Skoda war im 1. Weltkrieg der größte Produzent von Kriegstechnik in der Habsburger Monarchie und beschäftigte 1917 etwa 30.000 Mitarbeiter. Umso deutlicher traf der Konjunkturabschwung der Rüstungssparte das Unternehmen nach 1918. Die Skoda-Werke mussten nun eine äußerst kritische ökonomische Situation meistern. Zunächst stieg der tschechoslowakische Staat als Hauptaktionär ein bis sich schließlich der französische Rüstungskonzern Schneider & Cie. engagierte.

Wichtig war die Suche nach alternativen Geschäftsfeldern. Bereits 1918 hatte Skoda begonnen, Dampflokomotiven zu reparieren, bevor im Mai 1920 die erste eigene Lokomotive fertiggestellt wurde und einen bis heute sehr erfolgreichen Skoda-Fertigungszweig begründete.

Mit der Einrichtung einer Automobilbau-Abteilung begann Skoda schon 1919 auch dieses Geschäftsfeld zu erschließen. Allerdings orientierte man sich mit schweren Straßen-Zugmaschinen und Spezialfahrzeugen zunächst wieder hauptsächlich am Bedarf der Armee. Deshalb fertigte Skoda in Pilsen bis 1923 wieder die bereits 1915 von Praga konstruierten Schlepper-Typen »U« und »Z«.

Die tschechoslowakischen Streitkräfte erwarben 1920 - 1923 insgesamt 46 Stück des Schlepper-Typs »U« für den Transport von Artilleriewaffen. Diese Fahrzeuge hatten wassergekühlte Vierzylinder-Motoren mit einem Hubraum von fast 7,5 Litern, die 38 kW/52 PS bei 1000 U/min leisteten. Die Motoren verbrannten Schwerbenzin, Benzol oder ein 1:1-Gemisch aus Benzol und Alkohol. Verbraucht wurden 160 Liter Kraftstoff und 11 Liter Öl auf 100 km. Die Besatzung bestand aus 2-3 Personen.

Der Traktor hatte ein Gewicht von neun Tonnen, eine Nutzmasse von drei Tonnen und konnte einen sechs

Das Skoda-Werk in Pilsen zum Ende des 19. Jahrhunderts.

Die Automobilabteilung von Skoda in Pilsen baute ab 1920 wieder den schweren Schlepper-Typ »U« für das Militär. (Foto: SlgERWE)

Tonnen schweren Anhänger ziehen. Die Geschwindigkeit betrug 12 km/h. Bei Versuchen erreichte ein »U«-Schlepper mit 4 Anhängern (gesamt 21 Tonnen) eine Geschwindigkeit von 6 km/h auf einer Straße mit einer Steigung von 11 Prozent.

Vom noch stärkeren Skoda-Artillerietraktor Typ »Z« wurden in den Jahren 1921-1923 in Pilsen 106 Einheiten für die tschechoslowakische Armee hergestellt. Und nach einer Lizenz der französischen Firma Latil folgten 1929/1930 nochmals 96 Schlepper vom Typ TAR IV.

Um künftig auch zivile Kunden bedienen zu können, kaufte Skoda 1923 eine Lizenz von der Firma Sentinel Waggon Works Ltd. im englischen Shrewsbury für die Herstellung von Dampf-getriebenen Nutzfahrzeugen. Allerdings hatten davon vorab einige Originalfahrzeuge Tests beim Ministerium für Nationale Verteidigung in Prag absolviert.

Die Fertigung der Skoda-Sentinel lief in Pilsen von 1924 bis 1935. Die Dampf-Lkw waren zwar langsam, aber mit 52 kW/70 PS bei 250 U/min recht leistungsstark und relativ sparsam. Die mitgeführten 300 kg Kohle und 800 Liter Wasser reichten für etwa 40 Kilometer bei einer Geschwindigkeit von 15 km/h. Die Skoda-Sentinel-Dampfwagen waren robust und auch in unwegsamem Gelände einsetzbar. Es gab sie nicht nur als Pritschenwagen, sondern auch als ein- oder dreiseitige Kipper, Sprengwagen, Müllwagen oder sogar mit Omnibusaufbauten. Insgesamt sollen mehr als 400 Skoda-Sentinel gebaut worden sein. Die letzten liefen in Prag noch in der Mitte der 1960er Jahre.

Ergänzt wurde der Kraftfahrzeugbau im Skoda-Werk Pilsen durch luxuriöse Personenwagen der Marke "Skoda - Hispano Suiza", von denen 101 Stück bis 1930 nach einer französischen Lizenz montiert wurden.

Da die Pilsener Skoda-Automobil-Abteilung zunächst nicht über einen eigenen Karosseriebau verfügte, wurden Aufbauten u.a. von der Pilsener Firma Brozik und vom Prager Karosseriebauer J. O. Jech geliefert.

Ein Skoda-Sentinel-Dampfwagen mit Pritschenaufbau, aufgenommen 1939 im slowakischen Kosice. (Foto: Fortepan/Lissak Tivadar)

Die Nutzfahrzeuge nach der Fusion von Laurin & Klement mit Skoda

Mit der Übernahme von Laurin & Klement konnte das Skoda-Fahrzeugprogramm nach 1925 wesentlich erweitert werden. Alle Modelle, die Laurin & Klement bis zum August 1925 entwickelt hatte und in die Fusion

Das Typenschild eines Skoda-Sentinel Dampflastwagen mit dem Hinweis auf die Fertigung bei Skoda Pilsen und die Handelsdirektion in Prag-Smichov. (Foto: Vlastimil Novotny)

Die robusten Skoda-Sentinel-Dampfwagen kamen auch als Omnibusse zum Einsatz. (Foto: AS)

Markenkennzeichnung für die Fahrzeuge, die von Laurin & Klement entwickelt wurden und sich noch ab 1926 im Skoda-Programm befanden. (Foto: MDü)

einbrachte, trugen von nun an neben dem bisherigen Markennamen auch die Bezeichnung Skoda. Dazu prangte am Kühler bis zur Mitte der 1930er Jahre noch ein ovales Skoda-Emblem.

Allerdings hatte der Skoda-Konzern bereits am 15. Dezember 1923 seine neue Schutzmarke mit dem von drei Federn getragenen Pfeil registrieren lassen – ein Logo, das bis heute genutzt wird.

Laurin & Klement - Skoda 125	
Hersteller:	Skoda Mlada Boleslav
Modell:	Laurin & Klement - Skoda 125
Bauart:	Pritschenwagen
Bauzeit:	1927 - 1929
Motor:	Skoda Typ 120
Hubraum:	4-Zylinder-R-Vergasermotor, wassergekühlt
Leistung:	1.944 cm³
Getriebe:	22,1 kW (30 PS), 4 + 1 Gänge
L x B x H:	4.750 x 1.700 x 2.100 mm
Radstand:	3.120 mm
Leermasse:	1.420 kg
Nutzmasse:	1.250 kg
Bereifung:	30 x 5" SS
Höchstgeschw.:	60 km/h
Bemerkung:	Auch als Kastenwagen, Omnibus und Chassis für Spezialaufbauten. Insgesamt 1.650 Stück gebaut.

Zu den von Laurin & Klement ab 1925 übernommenen Fahrzeugen gehörten neben den Personenkraftwagen auch mehrere Typen leichter und schwererer Nutzfahrzeuge. Das leichte Baumuster 115 konnten bis anderthalb Tonnen tragen und nutzte zuerst den Motor der Pkw-Baureihe 110 (25 PS), ab 1926 den des Pkw-Typs 120 mit 30 PS. Mit demselben Antrieb wurde der Nachfolgetyp 125 ausgerüstet, von dem 1927 bis 1929 beachtliche 1.650 Exemplare abgesetzt werden konnten.

Beide Typen 115 und 125 wurden auch für Omnibusaufbauten genutzt.

Dieser Prospekttitel des Typs 125 vereint den Hinweis auf den Ursprung der Konstruktion bei Laurin & Klement mit dem Hinweis auf den Skoda Konzern. →

Ein Laurin & Lement - Skoda 115 mit Omnibusaufbau von 1927. (Foto: AS)

»ŠKODA = L & K = 125«

RYCHLÝ DOPRAVNÍ VŮZ

PRO 1250 AŽ MAX. 1500 kg

AKC. SPOL. DŘÍVE

ŠKODOVY ZÁVODY

V PLZNI

OBCHODNÍ ŘIDITELSTVÍ V PRAZE

Dieser Typ 125 verfügt über einen Sprengwagenaufbau der Firma R.A.Smekal aus Slatinany. (Foto: AS)

Der bis 1929 gebaute Laurin & Klement-Skoda 125 mit einem Spezialaufbau als Abschleppwagen. (Foto: AS)

Ein offener Omnibus, gebaut 1928 von Sodomka in Vysoke Myto auf einem Chassis des Typs Laurin & Klement - Skoda 125. (Foto: Archiv Iveco CR)

Die bewährten schweren Nutzfahrzeuge der Baureihen MS/500 und MS/540 von Laurin & Klement waren schon bis 1925 weiterentwickelt worden und liefen unter Skoda-Regie als Typen 505 und 545. Die anfänglich beim 505 noch verwendete mechanische Betriebsbremse wich zum Ende der 1920er Jahre einer pneumatischen Knorr-Anlage.

Ab 1926 stand auch der Fünftonner-Lkw 550 zur Verfügung. Er hatte nun einen 4-Zylinder-Vergasermotor mit 6,8-Liter Hubraum, der 50 PS leistete. Wie schon bei den

Eine Werbung für den 2,5-Tonner-Typ 505, der von 1926 bis 1933 im Skoda-Angebot blieb. (Foto: AS)

Besonders für den Aufbau von Omnibussen bot Skoda 1929/1930 auch die Variante 505 N mit Niederrahmenfahrgestell an. (Foto: AS)

Der Fünftonner-Lkw 550 in einer Spezialausführung für den Transport von Flugzeugteilen, aufgenommen 1927. (Foto: AS)

Auch für den noch bei Laurin & Klement entwickelten Typ 550 bot man ab 1926 eine Niederrahmenausführung für Omnibusse an. (Foto: AS)

Vorgängertypen MS war auch hier das Schaltgetriebe separat vom Motor in der Mitte des Fahrzeugs angeordnet und über Kardanwellen verbunden.

Als Varianten 505N und 550N kamen auch Busfahrgestelle mit niedrigeren Rahmen ins Programm. Von allen Bauformen montierte Skoda bis 1933 vom 505 insgesamt 471 Lastwagen und Fahrgestelle, vom 550 waren es 250 Stück von 1926 bis 1928.

Nach 1925 wurde im Zuge der Rationalisierung und Reorganisation die Fertigung von Lastwagen und Busfahrgestellen im Skoda-Werk Pilsen zusammengeführt. Lediglich leichte Nutzfahrzeuge bis 3,5 Tonnen Gesamtmasse verblieben in Mlada Boleslav.

Ab 1929 erneuerte Skoda schrittweise sein Nutzfahrzeugprogramm und löste sich von den alten Laurin & Klement-Konstruktionen. So ersetzten die neuen Baumuster 104 und 154 die leichten Fahrzeuge 115 und125 in der Klasse bis 1,5-Tonnen Tragfähigkeit. Bis 1931

Ein bei der Feuerwehr in Ceske Mezirici erhaltener Skoda 104 von 1930 mit einem Pumpenaufbau der Firma Josef Vystrcil in Telc. (Foto: MDü)→

NOVÉ TYPY „ŠKODA“ NÁKLADNÍ A AUTOBUSY

Valník „154“ na 1½ tuny, čtyřválec

Valník „506“ na 5 tun, šestiválec

Valník „304“ na 3 tuny, čtyřválec

Valník „506“, sklápěcí, na 5 tun, šestiválec

Hotelový autobus „154“ pro 15 osob, čtyřválec

Vyhlídkový autobus „306“ pro 22 sedících osob, šestiválec

Vnitřek zavřeného dopravního autobusu „506“

Dopravní autobus „506“ pro 50 osob, šestiválec

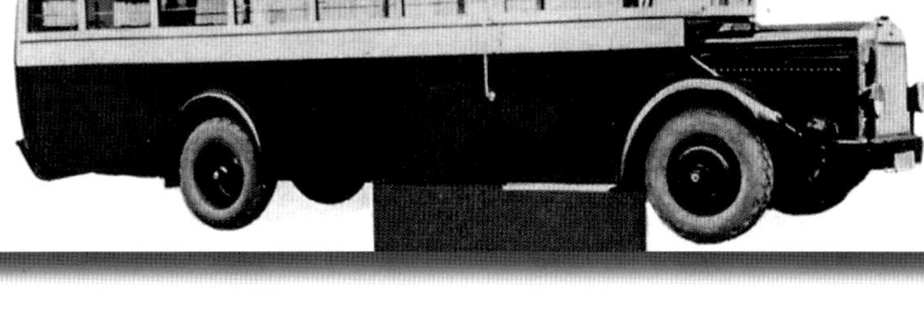

Vyhlídkový autobus „506“ pro 36 sedících osob, šestiválec

Skoda-Werbeanzeige von 1929 für das erneuerte Typenprogramm von Lastwagen und Omnibussen. (Foto: SlgN) ←

Auf Bestellung konnte der leichte Skoda 104 auch als Omnibus mit 12 Sitzplätzen geliefert werden. (Foto: AS)

Seit 1975 befindet sich im Technischen Nationalmuseum Prag dieser Skoda 154 mit Stratilek-Feuerwehraufbau. Den Antrieb übernahm der 32-PS-Motor des Skoda-Pkw-Typs 4R. (Foto: MDü)

montierte Skoda 1.498 Stück vom Typ 104 und 750mal den 154. Beide Typen dienten auch als Basis leichter Feuerwehrfahrzeuge. Zu dieser Zeit waren in der Tschechoslowakei schon etwa 320 motorisierte Feuerwehren im Einsatz, die die alten Pferdespritzen ersetzten. Die Aufbauten stammten überwiegend von einheimischen Betrieben, wie der Firma Stratilek in Vysoke Myto.

Als erste neue schwere Lastwagen mit 5 Tonnen Nutzmasse bot Skoda ab 1929 die Typen 504 und 506 an. Zum Einsatz kamen neue OHV-Motoren mit vier bzw. sechs Zylindern in insgesamt vier Leistungsstufen von 50 bis 100 PS.

Vom 506 gab es auch wieder als »N«-Variante ein Chassis mit niedrigerer Rahmenhöhe für den Aufbau von Bussen und Spezialfahrzeugen.

Im Jahr 1929 montierte Skoda neben 4.158 Personen-

Skoda 506	
Hersteller:	Skoda Pilsen
Modell:	Skoda 506
Bauart:	Pritschenwagen
Bauzeit:	1929 - 1940
Motor:	Skoda 6-Zylinder-R-Vergasermotor, wassergekühlt
Hubraum:	7.274 cm³ - Standard bis 1937 8.276 cm³ - optional ab 1931, Standard ab 1937
Leistung:	49,3 - 55,2 kW (67 - 75 PS) bei 7.274 cm³ Hubraum 73,6 kW (100 PS) bei 8.276 cm³ Hubraum
Getriebe:	4 + 1 Gänge und Zweigang-Reduktionsgetriebe
L x B x H:	k.A.
Radstand:	4.065 mm
Leermasse:	3.100 kg (Fahrgestell)
Nutzmasse:	5.000 kg
Bereifung:	36 x 8 SS oder 10,5 x 20
Höchstgeschw.:	35 - 50 km/h

Skoda 504 als Benzintankwagen und mit Möbelkofferaufbau, gebaut von 1929 bis 1935. (Fotos: AS, SlgN) ↑↓

wagen auch 2.323 Lastwagen und 623 Omnibusse.

Mit den Typen 104 / 154 und 504 / 506 kam ab 1929 auch ein neues System der Typenbezeichnungen für Skoda-Nutzfahrzeuge zum Einsatz. Dabei kennzeichneten die ersten beiden Ziffern die Nutzmasse in Dezitonnen und die dritte Ziffer die Anzahl der Motorzylinder.

Nach diesem Schema benannt wurden auch die im Herbst 1929 vorgestellten Dreitonner 304 und 306 mit Vier- bzw. Sechszylinder-Ottomotoren. Die Antriebsaggregate entsprachen denen der größeren Fünftonnern 504 und 506.

Gegenüber dem Typ 304 war der 306 durch den größeren Sechszylindermotor an der längeren Motorhaube auszumachen. Deutlich zu sehen beim Pritschenwagen von 1930 und dem CSD-Bus auf 306-N-Chassis. (Fotos: AS)

Im Skoda-Verkaufsprospekt von 1929 wurde dieser Rundfahrtbus mit Faltdach als»306 N Aerable« bezeichnet - 26 Fahrgäste hatten Platz. (Foto: AS)

(Aktiengesellschaft für Automobilindustrie) firmierte.

Zur ASAP gehörten neben der Automobilabteilung in Pilsen und dem Werk in Mlada Boleslav auch eine große Reparaturwerkstatt in Prag und diverse Verkaufs- und Service-Betriebe.

Die ASAP setzte die Erneuerung des Typenprogramms ab 1930 konsequent fort mit dem Ziel, den Bedarf in den unterschiedlichen Gewichtsklassen nahezu lückenlos abzudecken. Zunächst kam der Zweitonner 206 mit Sechszylinder-Vergasermotor auf den Markt, von dem zwischen 1930 und 1939 immerhin 1.397 Stück abgesetzt werden konnten. Bis 1937 kam ein 2,7-Liter-Motor mit 49 PS zum Einsatz, dann ein 3,0-Liter-Aggerat mit 60 PS, beide stammten aus dem Skoda-Pkw Superb.

Ebenfalls noch 1930 folgten die Lkw-Typen 404D und 606D. Diese waren erstmals mit Dieselmotoren bestückt, die Skoda selbst entwickelt hatte. Vorausgegangen waren umfangreiche Erprobungen deutscher Dieselmotoren

Werbeprospekt für den Skoda 206 aus dem Jahr 1930.

Neben der Pritschenausführung wurde von Skoda im Prospekt des 206 auch ein Omnibus serienmäßig angeboten.

von MAN und Henschel. Letztlich entschied man sich für eine eigene Motorenreihe mit vier und sechs Zylindern und indirekter Einspritzung. Mit dieser Innovation gelang es, den Kraftstoffverbrauch spürbar zu senken und die Marktposition deutlich zu verbessern. Allein vom Sechstonner Skoda 606D konnten von 1930 bis 1940 insgesamt 769 Stück verkauft werden, vom 404D waren es 686 Exemplare. Darin enthalten waren auch Niederrahmenausführungen für Omnibusse, die als 606DN bzw. 404DN bezeichnet wurden. Zwischen 1934 und 1942 lieferte Skoda auch noch 75 Viertonner mit Sechszylinder-Dieselmotoren unter dem Kürzel 406D.

In verschiedenen Ausführungen blieb der Sechstonner 606D zunächst der stärkste Skoda-Lkw, dem erst 1939 der Siebentonner 706 folgte.

Skoda 206	
Hersteller:	ASAP Mlada Boleslav
Modell:	Skoda 206
Bauart:	Pritschenwagen
Bauzeit:	1930 - 1939
Motor:	Skoda
	6-Zylinder-R-Vergasermotor, wassergekühlt
Hubraum:	2.704 cm³ (2.916 cm³)
Leistung:	36 kW (49 PS) bei 2.600 U/min
	(44,1 kW (60 PS))
Getriebe:	4 + 1 Gänge
L x B x H:	5.780 x 2.000 x 2.100 mm
Radstand:	3.800 mm
Leermasse:	1.600 kg (für Fahrgestell)
Nutzmasse:	2.000 kg
Bereifung:	6,5 x 20 oder 7,00 x 20
Höchstgeschw.:	55 km/h (70 km/h für 60-PS-Motor)
Bemerkung:	- Motordaten in Klammern für Ausführung ab 1937. - Betriebsbremse bis 1937 Duo-Servo-Bendix mechanisch, danach hydraulisch.

Skoda 606 D	
Hersteller:	ASAP Mlada Boleslav
Modell:	606 D
Bauart:	Pritschenwagen
Bauzeit:	1930 - 1940
Motor:	Skoda
	6-Zylinder-R-Dieselmotor, wassergekühlt
Hubraum:	8.554 cm³
Leistung:	73,6 kW (100 PS), später 77,2 kW (105 PS)
Getriebe:	4 + 1 Gänge und Zweigang-Reduktionsgetriebe
L x B x H:	k.A.
Radstand:	4.065 mm
Leermasse:	4.000 - 4.500 kg (Fahrgestell)
Nutzmasse:	6.000 kg
Bereifung:	10,5 x 20
Höchstgeschw.:	52 - 68 km/h

Nicht nur auf dem Kühlergrill, sondern auch auf der Seitenwand der Pritsche machte Skoda bei diesem 404D auf den eingebauten Dieselmotor aufmerksam. (Foto: AS)

Ein Skoda 404D mit Aufbau als Spreng-und Spritzenwagen von der Firma Stratilek in Vysoke Myto. (Foto: SlgN)

Ab 1931 wurde die allgemeine Wirtschaftskrise auch in der Tschechoslowakei immer deutlicher spürbar und bremste den privaten Fahrzeugabsatz. Skoda war deshalb bemüht, leichte, von Pkw abgeleitete Nutzfahrzeuge bevorzugt an öffentliche Auftraggeber zu liefern. Ab 1932 wurde dann die gesamte tschechoslowakische Automobilindustrie von einer Krise erfasst, ausgelöst nicht nur durch die ausländische Konkurrenz, sondern besonders durch die Steuer- und Abgabenpolitik im eigenen Land. Höhepunkt war das sogenannte »Anti-Automobilgesetz« vom 23.12.1932, das die schwierige ökonomische Lage der staatlichen Eisenbahn (CSD) verbessern sollte. Mit einer deutlichen Besteuerung des gewerblichen Personenverkehrs und Warentransports wurden die CSD und die staatliche Postverwaltung bevorrechtigt. Die Auswirkungen waren gravierend. Viele Taxibetriebe und Speditionen stellten ihren Betrieb ein und Omnibuslinien wurden reduziert. Die Stadt Prag kürzte alle Angebote jenseits der Stadtgrenzen. Der Nutzfahrzeugabsatz brach ein und 1933 musste vorrübergehend die Montage von Omnibussen deutlich reduziert werden. Das Jahr 1933 geriet für Skoda zum schlimmsten der bis 1935 andauernden tschechoslowakischen Wirtschaftskrise.

Auf die neuen Gegebenheiten reagierte Skoda mit Innovationen und einer Vervollkommnung seiner Typenpolitik. Bei den Lastwagen wurden die Anzahl der Typvarianten erhöht und auch entsprechende Busse bzw. Busfahrgestelle entwickelt. Damit konnte auch die bevorrechtigte staatliche Eisenbahnverwaltung CSD beliefert werden, die ein umfangreiches Omnibusnetz betrieb.

Zum Beispiel hatte Skoda ab 1934 mit dem Typ 406 DN/DND auch noch ein mittelschweres Niederrahmen-Busfahrgestell mit Dieselmotor ins Programm genommen. Wie auch bei den anderen Bustypen wurden die Aufbauten nur zu einem Teil vom ASAP-Werk in Mlada Boleslav ausgeführt. Spezialisierte Hersteller, wie z.B. Sodomka, Petera, Uhlik und Brozik übernahmen ebenfalls die Fertigstellung von Omnibussen.

Besonders zur Mitte der 1930er Jahre wich die bis dahin übliche schlichte, glattflächige und kantige Gestaltung der Skoda-Nutzfahrzeugkabinen einer deutlich gefälligeren Formensprache, die sich auch international messen konnte.

Besonders die Lkw und Busse der großen Baumuster 404 und 606 sowie später 706 verfügten mit ihrer dominanten Motorhaube, der Kühlermaske und dem Schriftzug Skoda-Diesel über einen starken Auftritt und einen klaren Erkennungswert.

Während der 1930er Jahre ging der Anteil der schweren Lkw mit Ottomotoren kontinuierlich zugunsten

Skoda 606D mit verlängertem Radstand als Holztransporter, aufgenommen 1939. Auf dem Nachläufer befand sich der Sitz für den Bremser. (Foto: AS)

Diesen besonders formschönen Fernreisebus montierte Sodomka in Vysoke Myto 1938 auf einem Chassis 606 DN für die CSD-Linie Prag-Karlsbad. (Foto: AS)

Der Aufbau dieses Autobus Skoda 404 DN von 1937 stammte aus dem firmeneigenen Karosseriebau im ASAP-Werk in Mlada Boleslav. (Foto: AS)

Das Titelblatt dieses Prospekts für die Typen 404D und 606D unterstrich die neue dynamische Formgestaltung der Skoda-Nutzfahrzeuge. (Foto: AS)

Aus Zwei mach Eins – ein Skoda 606 DN im Vogtland

Nach dem Zweiten Weltkrieg herrschte überall ein großer Mangel an Omnibussen. Eigentlich schon schrottreife Lastwagen- und Bus-Fahrgestelle dienten oft als Basis neuer, sehr individueller Bus-Aufbauten. Ein Beispiel dafür ist die Geschichte eines Skoda 606 DN im vogtländischen Rodewisch. In den 1950er Jahren gelangte dort der Fuhrbetrieb Eduard Heinzmann in den Besitz von Resten zweier arg mitgenommener Skoda 606 D. Offensichtlich handelte es sich um einen Lastwagen und ein Niederrahmen-Chassis Skoda 606 DN. Beide besaßen noch Rechtslenkung. Damit dürfte das Baujahr dieser Fahrzeuge vor 1939 gelegen haben. Denn im November 1938 war die Einführung des Rechtverkehrs in der Tschechoslowakei beschlossen worden, die dann ab März 1939 erfolgte.

Die Familie Heinzmann betrieb in Rodewisch ein Busunternehmen und eine Tankstelle. Davor wird stolz der neu aufgebaute Skoda 606 DN präsentiert. (Foto: Slg. Klaus Schildkopf)

An der dekorativ gestalteten Fahrzeugfront prangten wieder die Skoda-Diesel-Embleme. Die Rechtslenkung wurde beibehalten. (Foto: Slg. Klaus Schildkopf)

Diese Reste eines Skoda-Busses 606 DN und eines Skoda-Lkw 606 D dienten als Basis für den Neuaufbau eines Busses für den Fuhrbetrieb Eduard Heinzmann in Rodewisch/Vogtland. Fotos: Slg. Klaus Schildkopf)

Leider existieren keine Informationen oder Fotos zum Neuaufbau des Busses. Die sehr professionelle Ausführung der Karosserie und auch die Innengestaltung lässt Zweifel an der früheren Aussage des Firmeninhabers aufkommen, den Bus in Eigenregie mit seinem Vater aufgebaut zu haben. Es ist durchaus möglich, dass die Firma Heinzmann sich Unterstützung bei dem im nahegelegenen Reichenbach ansässigen Fahrzeugbau Schneider KG holte. Vergleiche mit anderen Busaufbauten dieses Unternehmens lassen diese Vermutung zu. Der Fuhrbetrieb Eduard Heinzmann stellte Anfang der 1960er Jahre seinen Betrieb ein, nachdem der Inhaber in den Westen geflohen war. Über den Verbleib des Busses ist leider nichts bekannt.

Skoda 256 B	
Hersteller:	ASAP Mlada Boleslav
Modell:	Skoda 256 B
Bauart:	Pritschenwagen
Bauzeit:	1939 - 1947
Motor:	Skoda Superb
	6-Zylinder-R-Vergasermotor, wassergekühlt
Hubraum:	3.137 cm³
Leistung:	58,9 kW (80 PS) bei 3.200 U/min
Getriebe:	4 + 1 Gänge
L x B x H:	k.A.
Radstand:	3.800 / 4.300 / 4.800 mm (nach Ausführung)
Leermasse:	1.800 bis 2.000 kg (nach Ausführung)
Nutzmasse:	2.500 - 3.000 kg
Bereifung:	7,00 x 20 oder 7,25 x 20
Höchstgeschw.:	75 - 80 km/h km/h
Bemerkung:	Als Typ 256 G mit Imbert-Holzgasanlage.

derer mit Dieselmotoren zurück. Die Fertigung der Baumuster 304/306 und 504/506 mit Vergasermotoren wurde letztlich 1939/1940 nach 821 bzw. 379 Einheiten beendet.

Spitzenreiter bei den Stückzahlen waren ab 1935 die leichteren Nutzfahrzeuge des Typs Skoda 254 D mit 55-PS-Dieselmotor und 2,5 bis 3 Tonnen Tragfähigkeit, die bis 1943 insgesamt 2.662 mal gebaut wurden. Übertroffen wurden sie später noch durch den ab 1939 überwiegend als Kriegsproduktion montierten Skoda 256 B, der in diversen Modifikationen 5.541-mal vom Band lief. Dabei kam der Sechszylinder-Vergasermotor des Skoda Superb mit reduzierter Kompression zum Einsatz.

Im Skoda-Werksarchiv fand sich diese Aufnahme von 1942 eines Pritschenwagens 254 D im Dienst der Deutschen Post Osten, die im sogenannten Generalgouvernement in den von Deutschland besetzten polnischen Gebieten tätig war. (Foto: AS)

Ein Skoda 256 B mit Aufbau als Sprengwagen und Kehrwalze für den Export in die Türkei 1940. (Foto: AS)

Besonders im Rahmen der Kriegsproduktion entstanden Militärkrankenwagen auf Basis des Skoda 256 mit Benzin- und Holzgasantrieb. (Foto: AS)

Ein dreiachsiger Stadtlinienbus Skoda 656 für die Prager Verkehrsbetriebe. Den Karosseriebau für dieses Fahrzeug übernahm CKD-Praga in Prag. (Foto: AS)

über Mittelrohrrahmen mit aufgesetzten Kastenträgern. Die Räder waren vorn an einer Starrachse und hinten an geteilten Schwingachsen aufgehängt.

Der formschöne, 1938 gebaute Prototyp 532 nutzte einen 6-Zylinder-Dieselmotor mit 8 Liter Hubraum, der 108 PS leistete. Der Fahrer saß in der Mitte hinter der Frontscheibe und konnte 36 Fahrgäste befördern.

Vom größeren Heckmotorbus 536 mit 50 Sitzplätzen wurden 1939/1940 zwei Prototypen montiert, die über größere 11,8-Liter-Dieselmotoren mit 140 PS verfügten. Durch den Krieg wurden beide Busentwicklungen nicht weiter verfolgt.

Vorstellung des Prototyps des Stromlinienbusses 532 unter dem typischen Skoda-Zeichen im Werk Mlada Boleslav im Jahr 1938. (Foto: AS) ←↑

Die Front- und Heckansicht des Reisebusses Typ 536. (Fotos: AS)

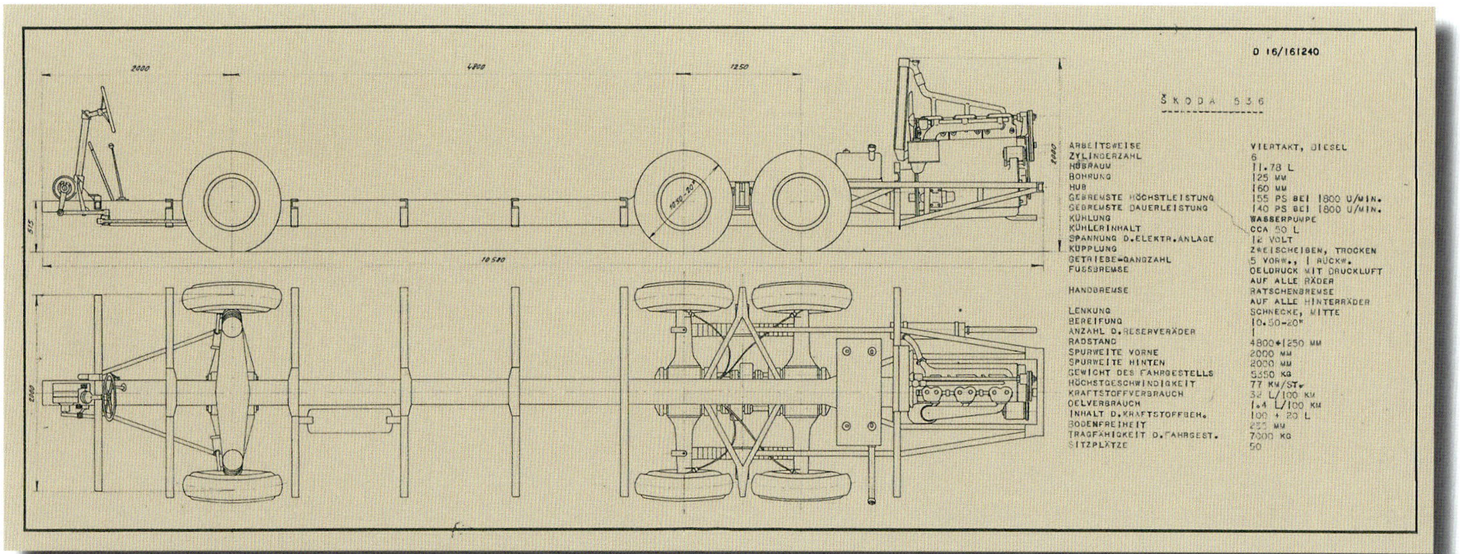

Fahrgestell und technische Daten des Bustyps 536. (Foto: AS)

Bereits im Jahr 1936 hatte Skoda mit dem Obus-Prototyp 1 Tr eine besondere Entwicklung bei den Stadtbussen präsentieren können. Vorausgegangen war ein von der Stadt Prag 1932 initiierter Wettbewerb zur Einführung des Verkehrs mit Oberleitungsbussen. Der erste Skoda-Obus basierte auf einem dreiachsigen Chassis 656 P, welches vom Lkw-Typ 656 D abgeleitet war. Den Aufbau hatte ASAP Mlada Boleslav übernommen, die Elektrik kam von Skoda Pilsen. Dieser Bus blieb zwar ein Einzelstück, war in Prag aber noch bis 1955 im Einsatz.

Im Jahr 1938 erhielt Skoda den Auftrag, ebenfalls für Prag fünf Stück des Obus 2 Tr (Skoda-Typ 539) zu liefern. Zwischen 1941 und 1943 gingen an den Verkehrsbetrieb in Pilsen noch 10 Busse Skoda 553 - Typ 3 Tr. Alle Baumuster waren dreiachsig und in robuster Rahmenbauweise mit Mittelträger, womit besonders den Anforderungen auf Steigungsstrecken entsprochen werden konnte. Vom Typ 3 Tr wurden ab 1947 bei Skoda nochmals 24 Obusse für Pilsen montiert.

Der 1936 auf dem Chassis 656P gebaute Obus Skoda 1 Tr blieb ein Einzelstück im Prager Nahverkehr, war aber bis 1955 im Betrieb. (Foto: AS)

Ein Obus Skoda 2 Tr um 1950 vor dem Prager Depot Smichov. (Foto: Archiv DPP)

Militärfahrzeuge von Skoda Pilsen

Parallel zu den zivilen Entwicklungen erweiterte Skoda bereits ab 1932 sein Angebot spezieller militärischer Nutzfahrzeuge und reagierte damit auf den großen Bedarf der tschechoslowakischen Armee zu dieser Zeit. Dem Militär ging es sowohl um die Anpassung ziviler Lkw-Baumuster als auch um die Entwicklung spezifischer, zwei- und dreiachsiger Typen. Gebraucht wurden auch Trägerfahrzeuge für besonders Aufbauten sowie Zugmaschinen für schwere Waffen. Neben klassischen Haubenfahrzeugen entwickelte Skoda für die Armee auch Frontlenker, sogar mit kippbarer Kabine. Die Konstruktion und Fertigung der Militärlastwagen erfolgte im Werk Pilsen nach klaren Vorgaben des Militärs, teilweise losgelöst von den Arbeiten an den zivilen Nutzfahrzeugen. Wegen des großen Umfangs muss für eine genauere Beschreibung aller militärischen Prototypen und Serienfahrzeuge auf original-sprachige Quellen verwiesen werden.

Auf Grund der hohen Nachfrage traf der ASAP-Verbund im Jahr 1936 die Entscheidung, die Produktion von militärischen Fahrzeugen ganz im Pilsener Werk zu konzentrieren und weiter auszubauen. Dazu verlagerte man innerhalb kurzer Zeit die Konstruktion und die Montage ziviler Lastwagen und Busse wieder zurück zum ASAP-Werk Mlada Boleslav.

Erster Prototyp des Skoda 6STP6 mit Vergasermotor von 1932. (Foto: SlgERWE)

Für die Pilsener Militär-Lkw nutzte Skoda bis 1940 eine eigene Typenkennzeichnung. Diese enthielt am Anfang die Zahl der Motorzylinder, dann die Gewichtsklasse, die Fahrzeugart und teilweise die Motorbauart. So bedeutete zum Beispiel »6STP6-LD«: 6-Zylindermotor, mittleres Zugfahrzeug, Allradantrieb, Sechsrad, leichte Ausführung, Dieselmotor. Dieser unübersichtliche Typschlüssel wich ab 1940 einer deutlich kürzeren Benennung.

Bezogen auf die Fertigungszahlen dominierten bei den Militärlastwagen die leichteren und mittelschweren Pritschenwagen und Zugfahrzeuge.

So wurden zwischen 1937 und 1942 allein von den Typen 6LT6 und den Eiterentwicklungen 6L und L zusammen 418 Fahrzeuge gebaut. Der dreiachsige Zweitonner ging auf den zivilen Skoda 206 zurück, erhielt aber ab 1940 einen stärkeren Motor mit 66 PS. Der Antrieb der Vorderachse war zuschaltbar. Bei vielen Fahrzeugen waren die beiden Reserveräder drehbar in der Fahrzeugmitte montiert, um ein hartes Aufsetzen in schwerem Gelände zu vermeiden.

Meistgebaute Skoda-Militärlaster insgesamt waren die Typen 6ST6-L (später S) mit 1.182 Stück und 6ST6-T (später H) mit 544 Fahrzeugen, die konsequent nach den Anforderungen der Armee konstruiert worden waren. Sie wurden zwischen 1937 und 1941 gebaut und hatten eine Nutzmasse von 3,2 - 4 Tonnen. Der 6-Zylinder-Ottomotor mit 8,3-Liter Hubraum leistete 100 PS und trieb die beiden Hinterachsen an. Diese waren als pendelnde Halbachsen ausgeführt. Zum Einsatz kam eine pneumatische Skoda-Knorr-Bremse.

Mit demselben Motor war auch der seit 1940 gebaute Kurzhauber-Pritschenwagen 6V ausgestattet, bei dem alle drei Achsen angetrieben waren. Seine Tragfähigkeit betrug fünf Tonnen. Einige der 51 montierten Fahrzeuge wurden nach Rumänien geliefert. Die Fertigung der speziellen Skoda-Militärlastwagen ist in Pilsen 1943 eingestellt worden. Bis dahin waren 2.615 Militärfahrzeuge und Prototypen entstanden. Nicht unerwähnt bleiben soll die ebenfalls im Pilsener Werk 1935 - 1939 erfolgte Montage von Kettenschleppern und Halbkettenfahrzeugen.

Dreiachsiger Zweitonner 6LT6, der auf dem zivilen Typ 206 basierte. (Foto: CC-PD)

Ein Skoda 6ST6-L, später als Typ S bezeichnet, der ab 1937 meistgebaute Skoda-Militärlastwagen. (Foto: SlgN)

Kurzhauber Typ 6V mit fünf Tonnen Nutzmasse, 1942 für den Export nach Rumänien. (Foto: SlgERWE)

Außerdem lieferte Skoda vom 706 auch eine große Anzahl von Niederrahmen-Busfahrgestellen in verschieden Radständen, wie z.B. die Typen 706 N, ND und NG. Diese wurden auch von externen Aufbauherstellern, wie z.B. Sodomka, als Busse für die Eisenbahnverwaltung des Protektorats und auch für den Einsatz in deutschen Städten komplettiert. Bei der NG-Ausführung kamen Imbert-Holzgas-Anlagen zum Einsatz. Bei einigen Lastwa-

Bild unten: Zwei Omnibusse für den Verkehrsbetrieb der Stadt Hradec Kralove, aufgebaut 1942 von Sodomka auf Niederrahmen-Chassis Skoda 706 N. (Foto: Archiv Iveco CR)

Die Normalausführung des Skoda 706 als Pritschenwagen von 1939. (Foto: AS)

Skoda 706	
Hersteller:	ASAP Mlada Boleslav
Modell:	Skoda 706
Bauart:	Pritschenwagen
Bauzeit:	1939 - 1943
Motor:	Skoda, 6-Zylinder-R-Dieselmotor, wassergekühlt
Hubraum:	8.554 cm³
Leistung:	80,9 kW (110 PS)
Getriebe:	5 + 1 Gänge
L x B x H:	7.650 x 2.500 x 2.350 mm
Radstand:	4.400 mm
Leermasse:	5.480 kg
Nutzmasse:	6.500 - 7.000 kg
Bereifung:	10,5 x 20
Höchstgeschw.:	52 km/h
Bemerkung:	Auch mit Radstand 4.600 mm und 5.400 mm.

Eine Reihe von Gas-betriebenen Bussen 706 NG, bestimmt für die Eisenbahnverwaltung des Protektorats. Wie so oft nutzte Sodomka den Marktplatz von Vysoke Myto für seine Produkt-Präsentationen. (Foto: Archiv Iveco CR)

Skoda-Bus 706 NG - Der Gasgenerator wurde durch die Firma Sodomka im Fahrzeugheck gekonnt integriert. (Foto: Archiv Iveco CR)

gen stammten die Gasgeneratoren auch von der Firma Janka aus Radotin. Von 1939 bis 1943 entstanden noch 426 Lastwagen und Busse des Typs 706.

Obwohl Entwicklungen ziviler Fahrzeuge offiziell verboten waren, arbeiteten die Konstrukteure des ASAP-Werkes in Mlada Boleslav während des Zweiten Weltkrieges unter der Bezeichnung Skoda 706 R (für »rekonstruiert«) an der Weiterentwicklung des Typs 706. Die Arbeiten wurden praktisch abgeschlossen und umfassten u.a. die Erhöhung der Tragfähigkeit und einen deutlich größeren und stärkeren Motor mit 145 PS. Die Serienfertigung des Typs 706 R konnte aber erst nach dem Krieg im Avia-Werk in Prag-Letnany beginnen.

Ein breites Fahrzeug-Programm stand zur Verfügung, als 1940 auch bei Skoda die konsequente Umstellung auf die Rüstungslieferungen erfolgte. Bei den Lkw gehörten dazu neben den schweren Baumustern mit Dieselmotor der Typen 606 und 706, besonders der 2,5-Tonner-Lkw 256 mit Vergasermotor, von dem ab 1939 mehr als 5.500 Exemplare in verschiedenen Ausführungen geliefert wurden. Eine große Anzahl war mit Gas-Generatoren ausgerüstet (Typ 256 G).

Die verordnete Rüstungsfertigung umfasste weiterhin große Mengen Granathülsen, Teile für Waffen und Flugzeuge sowie Zulieferungen für andere Fahrzeugwerke.

Außerdem erfolgte im Werk Mlada Boleslav von 1942 bis 1944 die Montage des von Ferdinand Porsche konzipierten Typs RSO, dem sogenannten »Radschlepper Ost«. Zur Konstruktion wurden erfahrene Konstrukteure aus Mlada Boleslav unter Leitung des Chefkonstrukteurs Oldrich Meduna abgeordnet

Die zweiachsige Zugmaschine sollte besonders in den unwegsamen Gebieten Russland zur Bergung anderer Fahrzeuge eingesetzt werden. Dazu verfügte sie über mit Spikes versehene Räder mit einem Durchmesser von 1,5 Metern. Der luftgekühlte 4-Zylinder-Vergasermotor des RSO hatte sechs Liter Hubraum und leistete 90 PS. Der Kraftstoffverbrauch wurde mit 200 Litern auf 100 Kilometern angegeben. Zum Anlassen des großen Motors bei extremer Kälte diente ein Zweizylindermotor, der einem halbierten Aggregat aus dem KdF-Wagen entsprach.

Es sollen etwa 200 Stück des RSO in Mlada Boleslav gebaut worden sein.

Die Skoda-Werke in Pilsen gehörten zu den bedeutendsten Rüstungslieferanten des Deutschen Reichs und fertigten große Mengen Panzer, Geschütze, gepanzerte Fahrzeuge und Munition. Damit waren sie ein besonderes Ziel alliierter Luftangriffe. Am 25.April 1945 wurden die Betriebsanlagen in Pilsen zu 70 Prozent ausgebombt. Und am 9. Mai 1945, einen Tag nach Kriegsende, erfolgte mit einem russischen Luftangriff auch die Zerstörung des Werkes in Mlada Boleslav.

Die ersten Fahrversuche des RSO erfolgten in der Nähe von Mlada Boleslav im Beisein von Ferdinand Porsche und Oldrich Meduna. (Foto: AS)

Für das Schleppen und Bergen von Lastwagen in schwerstem Gelände war der Radschlepper Ost konzipiert. (Foto: AS)↗

Eine beim Luftangriff vom 9. Mai 1945 zerstörte Produktionshalle im Werk Mlada Boleslav. (Foto: AS) →

Skoda- und LIAZ-Nutzfahrzeuge von 1945 bis 1989

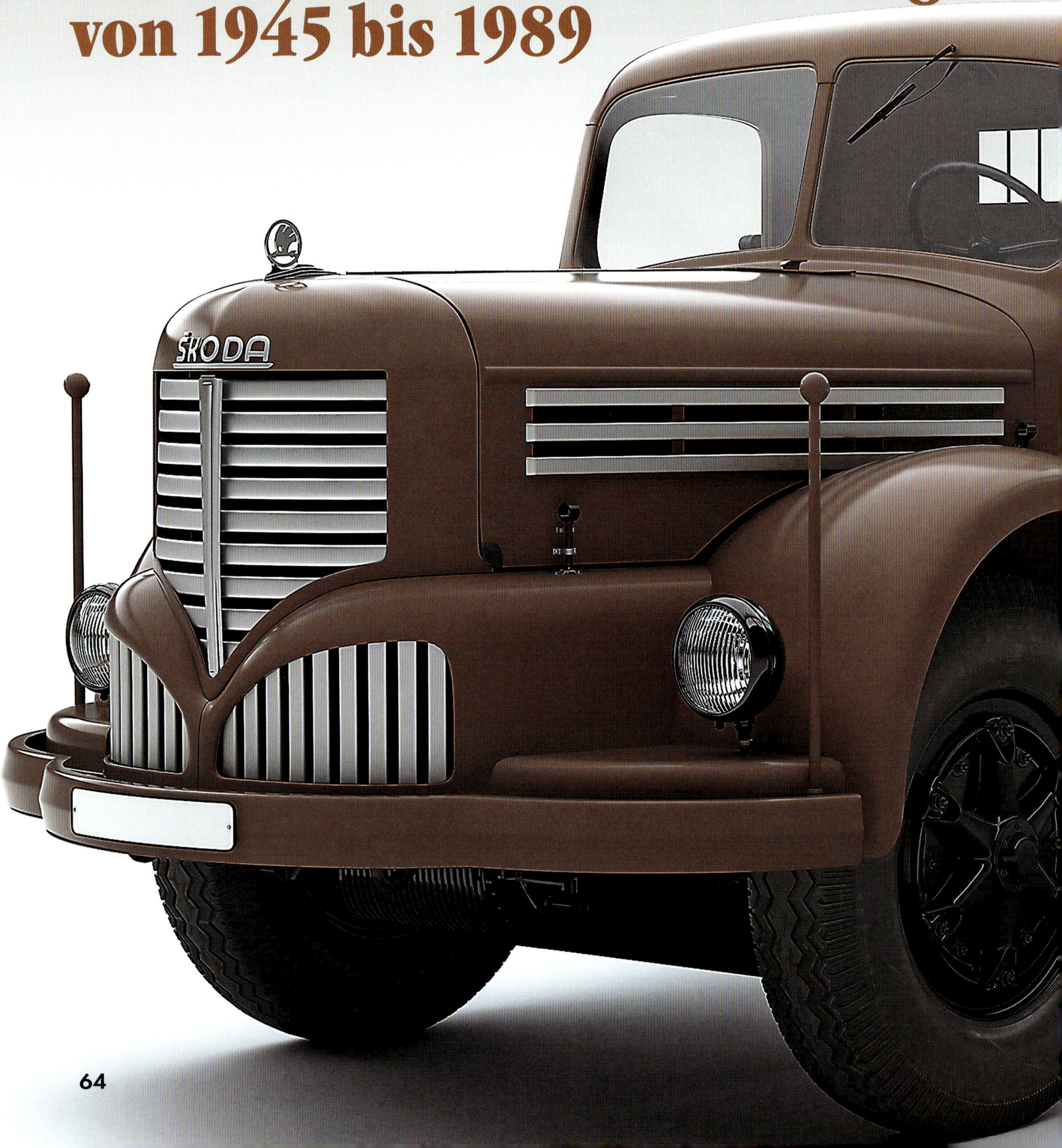

Ausschnitt eines Aero-Prospekttitels zum Lkw-Typ 150.

Von 1947 zeichnete dann das Praga-Werk, nun ebenfalls in Prag-Vysocany ansässig, für den kleinen Laster verantwortlich. Der hieß nun Praga 150 A.

Die Aero/Praga-Ausführung unterschied sich nicht wesentlich vom ursprünglichen Skoda 150. Er wuchs nur etwas in der Länge und die elektrische Anlage wurde von 6V auf 12V umgestellt. Die Zweiliter-Vierzylindermotoren mit OHV-Steuerung lieferte das Werk Zbrojovka in Brno. Der kleine Lastwagen hatte eine durchaus ansehnliche Kabine. Unter dem zweiteiligen Sitz befanden sich ein 85-Liter-Tank, die Batterie und der Werkzeugkasten. Der Wagen nutzte einen Rahmen aus zwei Stahlblech-Längsträgern. Die Vorderachse wurde oben durch Querblattfedern geführt, die am massiven Gussteil des Kupplungsgehäuses montiert waren. Insgesamt entstanden bis 1951 an den beiden Standorten 3.470 Fahrzeuge, einige davon auch als Kleinbus und Sanitätswagen.

Das Fahrgestell des Aero 150 entsprach dem des Skoda 150 von 1939.

Dieser ehemalige Praga 150 A Krankenwagen diente noch 2014 als Werbeträger eines Transportunternehmens. (Foto: MH)

Die Praga 150 A waren auch beim tschechoslowakischen Militär im Einsatz. (Foto: Adam Hauner / CC BY-SA 4.0)

Abgesehen von den späteren Kleintransportern Skoda 1203 baute AZNP Mlada Boleslav mit Regierungsauftrag von 1953 bis 1955 nochmals leichte Nutzfahrzeuge, allerdings nicht unter dem Skoda-Markenzeichen. Es handelte sich dabei um allradgetriebene 1,5-tonner des Typs Tatra 805, die für die Armee bestimmt waren. Da das Tatra-Werk in Koprivnice den militärischen Bedarf allein nicht decken konnte, übernahm auch AZNP anteilig die Fertigung. Bis Ende März 1955 sind in Mlada Boleslav insgesamt 6.410 Tatra 805 montiert worden.

Skoda / Aero / Praga 150	
Hersteller:	ASAP Mlada Boleslav / Aero Prag / Praga Prag
Modell:	Skoda / Aero / Praga 150
Bauart:	Pritschen-Lkw
Bauzeit:	1939-1942 / 1946-1951
Motor:	Skoda Favorit 4-Zylinder-Vergasermotor OHV, wassergekühlt
Hubraum:	2.091 cm³
Leistung:	40,5 kW (55 PS) bei 3.500 U/min
Getriebe:	4 + 1 Gänge
L x B x H:	5.180 x 1.950 x 2.000 mm (Skoda 150) 5.335 x 1.930 x 2.000 mm (Aero / Praga 150)
Radstand:	2.900 mm
Leermasse:	1.800 kg
Nutzmasse:	1.500 kg
Bereifung:	6,00 x 18
Höchstgeschw.:	80 km/h
Bemerkung:	Elektr. Anlage 6 V (Skoda), 12 V (Aero / Praga)

Für die tschechoslowakische Armee montierte das Werk AZNP in Mlada Boleslav bis 1953 auch leichte Lastwagen des Typs Tatra 805. (Foto: ERWE)

Einer der wenigen noch 1950 von Skoda Pilsen für die tschechoslowakische Armee gelieferten Lastwagen, ein Skoda H mit Kranaufbau von der Firma Horák & Hlava in Prag.

Heute nahezu vergessen, gab es nach 1945 auch noch einige Militärlastwagen von Skoda Pilsen. Gleich nach der Verstaatlichung im Herbst 1945 und der Trennung vom Werk in Mlada Boleslav hatte sich Skoda Pilsen bei der tschechischen Armee um neue Aufträge für die Wiederaufnahme der Produktion von Militär-Lastwagen bemüht – allen ministeriellen Vorgaben zum Trotz. Denn eigentlich war Skoda Pilsen nun festgelegt auf den schweren Maschinenbau, den Bau von Industrieanlagen, bestimmte Erzeugnisse des öffentlichen Nahverkehrs und der Energetik.

Ende Oktober 1946 unterbreitete man den Militärs erste konkrete Angebote. Sie umfassten die Lieferung von Werkstattwagen und Kranfahrgestellen auf Basis des ehemaligen Skoda-Typs H.

Dieser Lastwagen war schon von 1938 bis 1941 in 544 Einheiten vom Werk Pilsen geliefert worden, zunächst unter der Bezeichnung 6ST6-T. Der Skoda H war nicht zufällig ausgewählt worden. In den Lagern befanden sich dafür noch verschiedene Materialvorräte. Die Neuanfertigung und der Einkauf der fehlenden Teile gestaltete sich aber äußerst schwierig. Dazu kamen besonders nach der kommunistischen Machtübernahme in der Tschechoslowakei im Februar 1948 weitere Verschärfungen in der staatlichen Wirtschaftslenkung, die zusätzliche bürokratische Hürden aufbaute.

Letztlich kam ein Vertrag erst 1949 zustande und im Folgejahr wurden 20 Stück des Skoda H an die tschechoslowakische Armee geliefert. Darunter waren einige Pritschen- und Werkstattwagen sowie Fahrgestelle für Kranaufbauten. Letztere erfolgten durch das Unternehmen Horák & Hlava im Prager Stadtteil Liben. Dieser Kranaufbau wurde zum Vorläufer der gesamten späteren Reihe von CKD-Mobilkranen.

Außerdem hatte Skoda Pilsen 1949 im Auftrag der Armee den Prototyp eines Pritschen-Lkw vom Typ V 4,5 fertiggestellt. Dieser adaptierte sogar einige Lösungen amerikanischer Fahrzeuge und war mit einem luftgekühlten V-8-Zylindermotor des Typs Tatra 108 ausgerüstet. Zu einer Serienfertigung kam es allerdings nicht mehr. Die tschechoslowakische Armee konnte inzwischen auch wieder auf Tatra Koprivnice und Praga in Prag-Vysocany als Lieferanten für Militär-Lastwagen zurückgreifen. Damit endete 1950 der Lkw-Bau bei Skoda in Pilsen. Die Straßenfahrzeuge waren aber weiterhin durch die Oberleitungsbusse vertreten, worauf noch gesondert eingegangen wird.

Wesentlich für die weitere Fertigung von schweren Lastwagen und Busfahrgestellen unter dem Markenzeichen Skoda war die Entscheidung zur Übernahme der Produktion des Typs Skoda 706 R ab 1946 durch das Werk Avia in Prag-Letnany. Dort war seit 1931 der Hauptsitz der Avia AG gewesen, in der alle Flugzeugaktivitäten des Škoda-Konzerns zentralisiert waren.

Nach dem Zweiten Weltkrieg war man davon ausgegangen, dass das Flugzeugwerk nicht mehr ausgelastet sein würde, während AZNP in Mlada Boleslav auf den Pkw-Bau spezialisiert werden sollte. Allerdings verblieb die Zuständigkeit für die Konstruktion der Skoda-Lastwagen zunächst doch in Mlada Boleslav und wurde letztlich erst 1956 vollständig an das Unternehmen LIAZ abgegeben.

Zum Anfang des Jahres 1947 lieferte das Avia-Werk auch die ersten fünf Omnibusse des Typs Skoda 706 RO. Insgesamt waren es bis Oktober 1951 dann 7.877 Lastwagen und Busse, die bei Avia entstanden. Die Fertigung von Lkw-Fahrerhäusern wurde aus Kapazitätsgründen anfangs teilweise vom Jawa-Werk in Kvasiny übernommen.

Die RO-Omnibus-Aufbauten kamen sowohl vom Betrieb Avia, als auch vom Werk Sodomka in Vysoke Myto, das nach der Verstaatlichung 1948 den Namen Karosa trug.

Nachdem die Kommunisten 1948 in der Tschechoslowakei an die Macht gekommen waren, verstärkte man auch die wirtschaftliche Zusammenarbeit mit der Sowjetunion. Im Zuge der Übernahme der Lizenzfertigung von Flugzeugen der Typen MiG und IL 14 wurden nun doch wieder Kapazitäten für den Flugzeugbau bei Avia gebraucht. Mitte des Jahres 1951 begannen deshalb die Vorbereitungen zur Verlagerung der Skoda-Nutzfahrzeugproduktion nach Nordböhmen. Ausgewählt wurden dafür die zum Nationalunternehmen AZNP gehörenden Werke in Rynovice, Mnichovo Hradiste und Liberec.

Im Oktober 1951 erließ das Ministerium für allgemeinen Maschinenbau die endgültige Weisung zur Verlagerung. Die Verantwortung dafür trug AZNP in Mlada Boleslav. Bereits zum Ende des Jahres 1951 verließen die ersten Motoren den Betrieb in Liberec-Hanychov. Als

Skoda 706 R Pritschenwagen und Omnibus 706 RO auf dem Titel eines Werbeprospektes von 1949.

offizieller Produktionsstart des Skoda 706 R gilt der 1. Januar 1952. Dem Pritschenwagen folgte ebenfalls im Januar 1952 die ersten Omnibus Skoda 706 RO aus dem Betrieb in Rynovice.

In diesem Jahr konnten 931 Lastwagen und Busse geliefert werden, von denen 260 Fahrzeuge in den Export gingen. Allerdings ließ die Qualität oft zu wünschen übrig. Ursachen waren die sehr schnelle Produktionsverlagerung, nicht ausgereifte Technologien, fehlende Ausrüstungen und gering qualifizierte Fachkräfte. Dazu kam der Mangel und die mindere Qualität bei den Reifen.

Als Zusammenschluss der ehemaligen AZNP-Betriebe Rynovice, Mnichovo Hradiste und Liberec-Hanychov wurde am 1. Januar 1953 das Unternehmen LIAZ (Liberecke automobilove zavody = Automobilwerke Liberec) mit Sitz in Rynovice gegründet.

Dazu kamen noch zwei kleinere Betriebe in Vesela-Haskov und Loukov.

LIAZ übernahm nun die Verantwortung für die weitere Fertigung der Skoda-Lastwagen und Busse, wobei die Produktion wie folgt auf die einzelnen Werke aufgeteilt wurde:

- *Werk Mnichovo Hradiste: Fahrgestelle und Lastkraftwagen des Typs Skoda 706 R, teilweise auch Busse, Herstellung von Achsen*

- *Werk Rynovice: Busse des Typs Skoda 706 RO in allen Versionen, Herstellung von Getrieben und Motorteilen*

- *Werk Liberec-Hanychov: Herstellung von Motoren des Typs Skoda 706 R.*

Allerdings lief die Produktion mit großen Schwierigkeiten an. Vom Avia-Werk wurden nur die Maschinen an LIAZ übergeben, die für die weitere Flugzeugproduktion nicht mehr benötigt wurden und zum Teil waren diese Maschinen bereits in einem sehr verschlissenen Zustand. Man war davon ausgegangen, dass der Skoda 706 R bereits 1953 durch einen neuen Typ abgelöst werden würde.

Das neu gegründete Unternehmen war daran interessiert, den von AZNP übernommenen und traditionell eingeführten Markennamen Skoda weiter nutzen zu dürfen. Die Markenrechte lagen jedoch beim Unternehmen Skoda Pilsen, welches zu dieser Zeit den Namen ZVIL Plzen (= Werke Wladimir Iljitsch Lenin) trug. Am 27.10.1954 wurde bei der tschechischen Handelskammer eine Vereinbarung geschlossen, die es LIAZ gestattete, sich bei der Ausfuhr der Schutzmarke Skoda zu bedienen. Zusätzlich erhielt LIAZ am 9.11.1954 den Eintrag für die eigene Wortmarke LIAZ, auch dargestellt in einem Kreisring.

Inzwischen liefen nun die Arbeiten an der Weiterentwicklung der Skoda-LIAZ-Nutzfahrzeuge. Den Haubern folgten ab 1957 die deutlich moderneren Frontlenkermodelle 706 RT. Gleichzeitig gelang LIAZ der Übergang vom Vorkammer-Diesel zum Direkteinspritzer-Motor, verbunden mit einer deutlichen Leistungssteigerung.

Ab 1958 wurden weitere Firmen aus der ganzen Tschechoslowakei in das Nationalunternehmen eingegliedert, sodass LIAZ ab 1974 insgesamt 11 Betriebe umfasste.

Betrieb 01 – Jablonec nad Nisou - Rynovice

Die Fertigungsstätte war 1939 als Rüstungsbetrieb der deutschen Firma ZEISS errichtet worden. Nach der Nationalisierung erfolgte 1946 zunächst die Zuordnung zum Unternehmen Elektro-Praga, bis es 1951 erst dem Nationalunternehmen AZNP Mlada Boleslav zugeschlagen wurde und in der Folge zu LIAZ gehörte. In Rynovice erfolgte von 1951 bis 1962 die Produktion der Omnibusse Skoda 706 RO und RTO. Dazu kam zunächst parallel die Herstellung von Motor- und Getriebeteilen. In der Folge wurde der Betrieb ganz auf die Motorenfertigung konzentriert und übernahm ab 1968 auch die Motorenkonstruktion. Im Jahr 1962 wurden die Orte Rynovice und Jablones nad Nysou zusammengelegt.

Bei der Liquidation von LIAZ im Februar 2002 wurde das Motorenwerk unter dem Namen JAMOT a.s. verselbständigt.

Betrieb 02 – Mnichovo Hradiste

Der 1951 gegründete AZNP-Betrieb in Mnichovo Hradiste (deutsch: Haschkau) nutzte Immobilien verschiedener Firmen, zu denen Textilbetriebe und auch die Fuhrwerksfertigung eines Josef Simon gehörten. Außerdem wurde im wahrsten Sinne des Wortes auf der »grünen Wiese« eine Fertigungshalle errichtet.

Nach der anfänglichen Achsen-und Teilefertigung

In Österreich, wurde dieser Skoda 706 RT in einem nahezu neuwertigen Zustand, von einem Sammler entdeckt. Der Kipper mit Meiler-Aufbau war nur drei Jahre im Einsatz und brachte es in dieser Zeit gerade einmal auf 80.000 km. (Foto: ERWE)

entwickelte LIAZ den Betrieb recht schnell zum Montagewerk für Fahrgestelle, Kipper und andere Aufbauten. Bereits 1953 sind 2.446 Lastwagen des Typs Skoda R gebaut worden, 1954 waren es schon 4.120 Einheiten. Der Betrieb wurde intensiv zum größten LIAZ-Standort erweitert und übernahm bis in die 1970er Jahre den Hauptteil der Finalproduktion. Bis 2003 entstanden mehr als 80 Prozent aller Skoda-LIAZ-Chassis und Lastwagen in Mnichovo Hradiste.

Betrieb 03 – Liberec-Hanychov

Für den Betrieb in Liberec-Hanychov wurden ab 1951 unter AZNP-Regie die Gebäude einer 1892 gegründeten Textilfabrik genutzt. Beginnend mit dem Motorentyp Skoda R wurde in Liberec-Hanychov die Fertigung von Motoren und später auch von Achsen eingerichtet.

Betrieb 04 – Liberec-Ostasov

Die seit 1958 zu LIAZ gehörende Gießerei befand sich auf einem Gelände der ehemaligen Gesellschaft RAF, wo von 1907 bis 1914 Personen- und Lastwagen montiert worden waren. Im Jahr 1927 bauten die Firma Linser den Betrieb zur Gießerei um, die sich zu einem wichtigen Automobilzulieferer entwickelte. In der Zeit nach 1945 wechselten die Unterstellung des Werkes zu mehreren Nationalunternehmen, wie Janka, AZNP Mlada Boleslav und Avia Letnany, bis der Betrieb 1953 zunächst selbständig wurde und dann bis 1991 zu LIAZ kam. Danach arbeitete die Gießerei wieder eigenständig.

Betrieb 05 – Melnik

Das auf die Fertigung von Lkw-Rahmen spezialisierte Werk in Melnik gehörte von 1965 bis 1997 zum LIAZ-Verbund. Die Historie des Betriebes reicht zurück bis 1937, als das Unternehmen Linie-Tousek in Melnik eine Firma zur Fertigung von Autokarosserien errichtete. Nach der Rüstungsproduktion im Zweiten Weltkrieg gehörte dieser Betrieb zunächst zu Karosa Vysoke Myto, später zu AZNP Mlada Boleslav und zu BSS Brandys, bis er 1965 dem Unternehmen LIAZ für die Fertigung von Lkw-Rahmen zugeordnet wurde.

Betrieb 06 - Zvolen
Das spätere LIAZ-Unternehmen im slowakischen Zvolen entstand nach 1945 als Bus-Reparaturwerk unter der Regie der Tschechoslowakischen Staatseisenbahn (CSD), die auch für eine großen Teil des Omnibusverkehrs zuständig war.

Im Jahr 1954 wurde der Betrieb dem Verband der Tschechoslowakischen Automobil-Reparaturwerke zugeordnet, zunächst spezialisiert auf die Instandsetzung von Omnibussen des Typs Skoda RO. Ab 1960 folgte die Zuordnung des Betriebes zu LIAZ, wobei seit 1968 auch die Fertigung von Teilen für die Skoda-Motoren des Typs RT erfolgte. Die Montage von Pritschenlastwagen für den internationalen Verkehr und von Fahrgestellen begann 1970 in Zvolen. Der Betrieb war seit 1992 als GmbH eine eigenständige LIAZ-Tochtergesellschaft, die aber 1998 die Produktion eingestellte.

Betrieb 07 – Prerov
Ebenso wie in Zvolen richteten die Tschechoslowakischen Staatseisenbahnen auch im mährischen Prerov eine eigene Omnibuswerkstatt ein, allerdings schon ab 1935. Dieser Betrieb wurde ab 1941 um eine Halle erweitert, die vorher der ehemaligen Wagenbaufirma Weigl gehörte. Im Jahr 1952 wurden die Reparaturkapazitäten durch die Verschmelzung mit einer Landmaschinenfirma zum Betrieb CSAO Prerov deutlich erweitert. LIAZ übernahm 1960 diesen Betrieb als Markenwerkstatt für die Generalüberholung von Omnibussen und Motoren der Typen RO und RTO. Ab 1977 montierte das Werk Prerov auch Neufahrzeuge, zunächst die Pritschen-Lkw MT4. Es folgten die aus anderen Betriebsteilen verlagerten Varianten der Baureihe RT, bis schließlich 1983 die finale Montage von Sattelzugmaschinen der LIAZ-Baureihe 100 begann. Der Betrieb in Presov wurde 1993 geschlossen.

Betrieb 08 – Velky Krtis
Im Gegensatz zu den meisten anderen LIAZ-Betrieben handelte es sich beim Werk im slowakischen Vely Krtis um einen Neubau, der zwischen 1970 und 1972 errichtet wurde. Zunächst begann man mit der Herstellung von Motorteilen für den Škoda 706 RT. Dazu kamen Generalreparaturen von Fahrgestellen und Motoren und

Eingang zum slowakischen LIAZ-Werk Zvolen, in dem hauptsächlich Pritschen-Lkw gebaut wurden.

von 1985 bis 1990 die Montage von Niederrahmen-Chassis Skoda-LIAZ 706 RTOch. Der Betrieb wurde 1992 als Tochterunternehmen verselbständigt. Im Jahr 1999 wurde der Betrieb eingestellt und das Werk stand zum Verkauf.

Betrieb 09 – Holysov

Die Metallwerke Holysov waren aus einem großen Rüstungsbetrieb entstanden. Bis in die 1960er Jahre waren die Unterstellung der Firma und das Produktionsprogramm einem ständigen Wechsel unterworfen. Nach der Überholung von Bussen Škoda 706 RO und RTO begann Holysov ab 1967 auch mit dem Neubau von Skoda-RTO-Bussen in Linienausführung. Mit Wirkung vom 1.1.1974 wurde das Werk Holysov dem LIAZ-Verbund zugeordnet und auf die Herstellung von Lkw-Fahrerkabinen spezialisiert.

Im Mai 1992 erfolgte die Gründung der von LIAZ unabhängigen Aktiengesellschaft SVA Holysov, die inzwischen liquidiert ist.

Betrieb 10 - Jablonec nad Nisou

Die LIAZ-Generaldirektion wurde 1971 vom Leitungbereich des Betriebes 01 in Jablonec nad Nisou - Rynovice getrennt und als eigenständige Organisationseinheit »Betrieb 10« bezeichnet.

Nach der Gründung der Skoda-LIAZ AG erfolgte 1995 die Verlegung der Gesamtleitung an den Standort Mnichovo Hradiste.

Betrieb 11 – SIZ Jablonec nad Nisou

Der Betrieb SIZ in Jablonec nad Nisou gehörte seit 1968 zu LIAZ und fungierte als Ingenieurbaubetrieb (tschechische Abkürzung SIZ) und als Hersteller von Sondermaschinen und Anlagen für die verschiedenen Betriebe des LIAZ-Verbunds.

Im Jahr 1964 kam es zur Gründung der Vereinigung der Tschechoslowakischen Automobilwerke, kurz CAZ, der neben 24 Herstellerbetrieben auch die Binnenhandelsorganisation Mototechna und das Institut für Kraftfahrzeugforschung (UVMV) unterstellt wurden. Damit erhöhte sich auch der zentralistische Einfluss auf das Unternehmen und seine Betriebe weiter.

Alles andere als modern präsentierte sich der Betrieb in Prerov, der ab 1960 für LIAZ die Generalüberholung von Skoda-Omnibussen übernahm. ←

Die Generaldirektion von LIAZ in Jablonec nad Nisou – Rynovice. Das Gebäude entstand bereits 1939/1940.

Eine Folge für LIAZ war unter anderem von 1970 bis 1992 die Fertigung von Radschleppern für die Landwirtschaft, die zu 80 Prozent aus LIAZ-Lkw-Teilen bestanden. Die Montage erfolgte in Zusammenarbeit von LIAZ mit STS Doksy, später auch mit STS Mimon. Insgesamt wurden 9.497 Radschlepper gebaut.

Radschlepper ST180, gebaut aus achtzig Prozent LIAZ-Lkw-Teilen. (Foto: Jiri Erben / CC BY-SA 3.0)

Pritschenwagen Skoda-LIAZ 100.05 mit Anhänger von BSS. (Foto: ERWE)

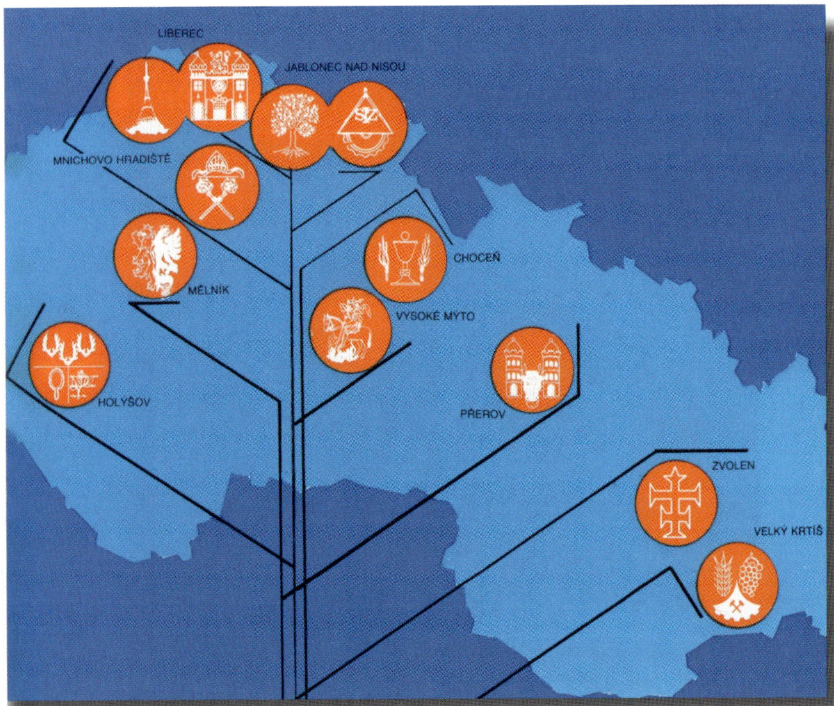

Die Standorte der zum Staatsbetrieb LIAZ ab 1986 gehörenden Betriebe.

Im Ergebnis der bereits seit 1981 zwischen LIAZ und Skoda Pilsen laufenden Verhandlungen wurde 1983 vereinbart, dass LIAZ ab 1984 die Nutzung der Marke Skoda im Inland und auch beim Export einstellte. Von da an nutzte LIAZ für etwa zehn Jahre nur sein eigenes Markenzeichen.

Das Jahr 1984 brachte mit 18.747 Fahrzeugeinheiten in 40 Modifikationen die höchste jährliche Fertigungszahl von LIAZ. Bei einer Jahresproduktion von 18.571 Fahrzeugen und 23.707 Motoren erfolgte 1986 die organisatorische Erweiterung des bisherigen Nationalunternehmens (= VEB) LIAZ zu einem Staatsbetrieb, was etwa einem DDR-Kombinat entsprach. In diese neue Struktur wurden noch zusätzlich die Firmen Karosa in Vysoke Myto (Omnibusse und Feuerwehraufbauten) und Orlican in Chocen (Spezialaufbauten und Auflieger) eingebunden.

Die Fahrzeuge der Baureihen R, RT, MT und 100/110 werden in den folgenden Abschnitten noch ausführlicher beschrieben.

Am Eingang zum Betrieb Orlican in Chocen grüßten neben dem roten Stern natürlich auch die allgegenwärtigen kommunistische Losungen.

Die Motoren-Baureihen von Skoda-LIAZ bis 1989

Die Wirbelkammer-Motoren des Lkw Skoda 706 R mit 11,8 Litern Hubraum gingen noch auf eine Entwicklung aus dem Zweiten Weltkrieg zurück.
In der Mitte der 1950er Jahre konnte mit dem Direkteinspritzer-Diesel RT ein zeitgemäßes und leistungsstarkes Aggregat für die neue Skoda-Frontlenker-Baureihe RT vorgestellt werden.
Es folgte ab 1969 die M-Baureihe, die eigentlich schon für eine neue Lkw-Generation vorgesehen war, welche allerdings erst Jahre später als Baureihe 100 erschien. Deshalb wurden die ersten M-Motoren noch ohne Abgasturboaufladung bei den Lkw der Übergangsbaureihe MT verwendet. Darauf aufbauend gab es ab 1978 als ML-Ausführung verschiedene aufgeladene Aggregate.
Und es folgten die mit Reihe M1.2 bezeichneten Motoren, wobei es hauptsächlich um die Erhöhung der Standzeit der Aggregate sowie um die Verbesserung der Abgas- und Lärmemissionen ging.
Insgesamt 24.000 Motoren wurden 1988 von LIAZ gebaut. Diese dienten nicht nur für den Antrieb von Lastwagen und Bussen, sondern auch für den Einbau in Land- und Baumaschinen sowie Eisenbahntriebwagen und Grubenlokomotiven.
Nach den Aufladestufen ließen sich die generell wassergekühlten LIAZ-Motoren in drei Gruppen aufteilen: Saugmotoren M 634 und M 635, niedrigaufgeladene Motoren M 636 und M 637 sowie hochaufgeladene Motoren M 638 und M 640 / M 640F, letztere mit Ladeluftkühlung. Jeder Motortyp war in stehender, liegender und schräger Einbauform verfügbar.
Bereits seit den 1980er Jahren arbeiteten die LIAZ-Konstrukteure an den Motoren-Reihen M2 und M3. Die mit verändertem Hubraum konzipierten Motoren sollten besonders die internationalen Emissions-Standards noch besser erfüllen und eine noch erhöhte Leistung und Standfestigkeit besitzen. Allerdings gelang die Umsetzung dieser Ziele nicht mehr bis 1989. Auch danach wurde der Standard-Hubraum von 11,9 Litern beibehalten und die Weiterentwicklung bezog sich besonders auf die Einhaltung der Euro-Abgasnormen.

LIAZ-Motoren 1989 – Haupttypen - Technische Daten

Typ	M 634	M 636	M 637	M 638	M 640	M 640 F
Bauart	Reihen-6-Zylinder-Viertakt-Dieselmotor mit Direkteinspritzung und Flüssigkeitskühlung					
	Saugmotor	mit ATL	mit ATL	mit ATL	mit ATL und Ladeluftkühlkung	mit ATL und Ladeluftkühlkung
Hubraum (cm³)	11.940	11.940	11.940	11.940	11.940	11.940
Höchstleistung	147 k bei 2.000 U/min	160 kW bei 2.000 U/min	199 kW bei 2.000 U/min	224 kW bei 2.000 U/min	235 kW bei 2.000 U/min	212 kW bei 2.000 U/min
Max. Drehmoment	752 Nm bei 1.400 U/min	881 Nm bei 1.250 U/min	1.060 Nm bei 1.300 U/min	1.189 Nm bei 1.300 U/min	1.290 Nm bei 1.250 U/min	1.170 Nm bei 1.300 U/min
Einbau in Lkw - Beispiele	MT - Reihe	110.010	100.47	100.05 110.471	110.073 110.551	150.261 111.154

Ergänzung der Typenbezeichnung zur Kennzeichnung der Einbaulage: M = stehend, ML = liegend, MS = geneigt

Lastwagen-Baureihen

Die frühen Ausführungen des Skoda 706 R verfügten über eine im tschechischen Volksmund als »Schnurbart« bezeichnete Frontgestaltung, die später im Zuge der Vereinfachung entfiel. (Foto: AS)

Skoda 706 R / RS / RO / ROK

Trotz eines offiziellen Verbots war der im Werk Mlada Boleslav gebaute Lastwagen 706 bereits während des Krieges zum Typ 706 R weiterentwickelt worden. Dabei stand der Buchstabe R für »rekonstruiert«. Das erste erhaltene Dokument zur Konstruktion des Skoda 706 R ist datiert vom Dezember 1940. Das Fahrzeug ging aber während des Krieges nicht mehr in Produktion. Mit wenigen Änderungen stand es aber für den Fertigungsbeginn ab 1945 recht schnell zur Verfügung. Durch die Verstaatlichung von Skoda und die neue Orientierung der Konzernbetriebe erfolgte die Montage von 1946 bis 1951 aber im vormaligen Skoda-Unternehmen Avia in Prag-Letnany. Danach übernahmen LIAZ-Betriebe in Nordböhmen die Montage der Skoda-Typenreihe 706 R.

Basismodell des Typs 706 R war ein Hauber-Chassis, das meist mit einem Pritschenaufbau versehen wurde. Der Wirbelkammer-Dieselmotor hatte eine Kurbel-

Skoda 706 R	
Hersteller:	Avia n.p. Praha / LIAZ Jablonec n.N.
Baureihe / Modell:	Skoda 706 R
Bauart:	Fahrgestell / Pritschenwagen
Bauzeit:	1946 - 1951 (Avia) / 1952 - 1958 (LIAZ)
Motor:	Skoda 706 R 6-Zylinder-R-Dieselmotor, wassergekühlt
Hubraum:	11.781 cm³
Leistung:	99 kW (135 PS) bei 1.750 U/min (Dauerleistung) 107 kW (145 PS) bei 1.800 U/min (Höchstleistung)
Getriebe:	5 + 1 Gänge
L x B x H:	8.285 x 2.500 x 2.360 mm
Radstand:	5.000 mm
Leermasse:	7.300 kg
Nutzmasse:	6.700 kg
Bereifung:	12,00 x 22
Höchstgeschw.:	55 km/h
Bemerkungen:	Angaben für Pritschenwagen; 1957/1958 letzte Serie auch mit Motor-Typ 706 RTV mit 118 kW (160 PS).

Bei diesem sehr frühen Prospekt des Skoda 706 R wurde als Anbieter AZNP Mlada Boleslav genannt, obwohl dieser Typ dort nicht gebaut wurde. Grund war die zunächst erfolgte verwaltungsmäßige Zuordnung von Avia Prag-Letnany zu AZNP. (Foto: AS) →

ŠKODA
VÝKON
TRVANLIVOST
SPOLEHLIVOST
ŠKODA 706 R
AUTOMOBILOVÉ ZÁVODY · NÁRODNÍ PODNIK · MLADÁ BOLESLAV

Die letzte Variante der Skoda R-Reihe war ab 1955 der Typ ROK, einer vom Bus-Chassis abgeleiteten Ausführung mit Frontlenkerkabine, die dem Fahrer und sechs Personen Platz bot. In erster Linie war der ROK für die Montage von Müllfahrzeugen konzipiert, die das Unternehmen BSS (Brandyske strojirny a slevarny) in Brandys nad Labem aufbaute. Dazu besaß der ROK am Getriebe eine Hilfsabtrieb für einen zusätzlichen Luftverdichter und den Antrieb der Sammeltrommel. Die Mülltrommel fasste 10 Kubikmeter. Die Nutzmasse des Fahrzeugs betrug 7.100 kg.

Außerdem gab es auf dem ROK-Chassis einige wenige Spezialpritschen und Kofferaufbauten. Bis 1957 entstanden 507 Stück des Skoda 706 ROK, von denen der staatliche Außenhandelsbetrieb Motokov 174 Fahrzeuge in die DDR lieferte.

Inzwischen war der Skoda 706 R aber in die Jahre gekommen und LIAZ hatte besonders ab 1955 intensiv einen Nachfolger entwickelt, der ab 1957 als Baureihe RT auf den Markt kam.

Bis zum Produktionsende waren insgesamt 28.409 Fahrzeuge der Reihe Skoda 706 R/RO entstanden. Davon hatte Avia 7.877 Stück montiert, denen bis 1958 noch 20.532 Stück bei LIAZ folgten.

Dieser 706 R war Ende der 80er Jahre schon stark vom harten Leben auf DDR-Straßen gezeichnet, aber gelegentlich noch im Einsatz. →

Heute – fast nur noch ein Wrack – wartet er bei einem Sammler auf seine Restauration. (Fotos: ERWE) ↘

Vorstellung des Skoda 706 ROK auf der Maschinenbaumesse in Brno 1955. (Foto: SlgN)

Skoda 706 RT

Im Februar 1957 gelang LIAZ mit dem Serienbeginn der Baureihe 706 RT eine deutliche Weiterentwicklung seines Fertigungsprogramms. Dabei stand das »T« für Trambus = Frontlenkerkabine. Die erste Vorstellung von RT-Prototypen war bereits 1956 auf der Messe in Brno erfolgt und signalisierte die kommende Abkehr vom klassischen Hauben-Laster.

Neben der geräumigen, modern gestalteten Frontlenker-Kabine prägte besonders der Übergang auf den neuen Motor 706 RT, der einheitlich in der gesamten Baureihe verwendet wurde, die Konstruktion. Dabei wurde vom Wirbelkammer-Brennverfahren auf einen wirtschaftlicheren Direkteinspritzer-Dieselmotor umgestellt. Die Leistung stieg auf 118 kW (160 PS). Die Startfähigkeit bei niedrigen Temperaturen konnte verbessert und der Kraftstoffverbrauch reduziert werden. Durch die Änderung des Zylinderkopfes bekam LIAZ auch das langjährige Problem der Rissbildung beim Vorgänger 706 R nun in den Griff.

Skoda 706 RT Pritschenwagen	
Hersteller:	LIAZ Jablonec n.N.
Baureihe / Modell:	Skoda 706 RT
Bauart:	Pritschenwagen
Bauzeit:	1957 - 1970
Motor:	Skoda 706 RT 6-Zylinder-R-Dieselmotor, wassergekühlt
Hubraum:	11.781 cm³
Leistung:	118 kW (160 PS) bei 1.900 U/min
Getriebe:	5 + 1 Gänge
L x B x H:	7.600 x 2.500 x 2.500 mm
Radstand:	4.000 mm
Leermasse:	5.900 kg
Nutzmasse:	8.600 kg
Bereifung:	11.00 x 20
Höchstgeschw.:	70 km/h
Bemerkung:	Auch als Typ 706 RTC mit Plane und Zollverschluss

Bis 1959 hatte die DDR bereits 185 Skoda 706 RT importiert. Dazu gehörte dieser Pritschenwagen, der mit der Eisenbahn angekommen, auf dem Lagerplatz des Importbetriebes Automot in Heidenau bei Dresden auf die Auslieferung wartet.

Das Fahrgestell des Frontlenker-Lastwagens Skoda 706 RT in einer zeitgenössischen Prospektabbildung.

Die Zweischeiben-Trockenkupplung wurde zunächst beibehalten und erst 1965 durch eine Einscheibenkupplung mit größerem Durchmesser ersetzt.

Das unsynchronisierte Fünfganggetriebe des Vorgängertyps 706 R bekam ein Gehäuse aus Leichtmetall und Weiterentwicklungen in Details. Für die im Fernverkehr eingesetzten Lastwagen standen ab 1965 auch ein pneumatisch betätigtes, zweistufiges Zusatzgetriebe sowie geänderte Achsübersetzungen zur Verfügung, womit eine höhere Geschwindigkeit möglich war. Die klassische Bauform mit Leiterrahmen und blattgefederten Starrachsen blieb erhalten. Dazu kamen vorn hydraulische Hebelstoßdämpfer.

Eine pneumatische Lenkunterstützung war als Sonderausstattung lieferbar.

Die Räder trugen nun Reifen der Dimension 11,00 x 20. Die Felgen an der Vorderachse wurden sowohl als Scheibenrad, oft aber auch als Trilex-Rad mit geteilter Felge geliefert, womit Unterwegsreparaturen bei den häufigen Reifenpannen erleichtert wurden.

Durch die Frontlenkerbauweise konnten Radstand und Gesamtlänge bei vergleichbarem Laderaum reduziert werden. Die Fahrerkabine bot hinsichtlich Raumangebot und Rundumsicht deutlich bessere Bedingungen für die Fahrer. Allerdings ergab sich nun das Problem der Zugänglichkeit zum stehend angeordneten Motor, der recht weit in die Kabine ragte. Der Rahmen wurde deshalb so gestaltet, dass der Motor für größere Reparaturen nach vorn herausgezogen werden konnte.

Auf den Fahrgestellen des Typs 706 RTch wurden in der DDR auch verschiedene Kofferaufbauten montiert. (Foto: SlgERWE)

Ebenfalls ein 706 RTch diente als Chassis zum Aufbau dieses Zementtransporters. (Foto: MDü)

Der Außenhandelsbetrieb Motokov warb mit diesem Prospekt für die Vielfältigkeit der Einsatzmöglichkeiten der Sattelzugmaschine Skoda 706 RTTN.

Das Standardmodell der RT-Baureihe war der normale Pritschenwagen Skoda 706 RT. Das entsprechende Fahrgestell ohne Pritschenaufbau bezeichnete LIAZ als Typ 706 RTch. Dazu kamen eine Variante mit erhöhten Bordwänden (706 RTV) und ein Pritschen-Lkw für den internationalen Verkehr mit Zollverschlussplane (706 RTC).

Als 706 RT 3 bzw. 706 RTC 3 wurden Ausführungen mit schnellerer Getriebeübersetzung benannt.

Weit verbreitet waren die Sattelzugmaschinen, die zunächst als 706 RTTS , später als 706 RTTN bezeichnet wurden. Von 1960 bis 1980 verließen insgesamt 20.165 Stück das Werk. Von der Sattelzugmaschine für Langholztransporter Typ RTTNP mit zuschaltbarer Vorderachse lieferte LIAZ 830 Stück von 1968 bis 1981, und damit sogar ein Jahr länger als die Grundvariante.

Dazu kam 1961 die Sattelzugmaschine 706 RTTO, die speziell für den Omnibus-Sattelauflieger Typ NO angepasst war. Diesen Auflieger baute Karosa in Vysoke Myto auf ein Fahrgestell des Kühlaufliegers N 12 CH von Orlican und nutzte dafür Aufbauelemente vom Skoda-Bus 706 RTO. Allerdings blieb es bei einem Prototyp, der heute noch gut restauriert erhalten ist.

Bereits 1958 begann die Montage des Dreiseitenkippers 706 RTS mit Hinterradantrieb, der schon 1961/1962 von der verbesserten Variante RTS 1 mit Differentialsperre abgelöst wurde. Von beiden Ausführungen montierte LIAZ bis 1969 fast 12.800 Stück. Davon importierte die DDR 500 Stück des RTS und 1.002 Exemplare der Ausführung RTS 1. Danach folgte der MTS 24 mit geändertem Motor und Außenplaneten-Hinterachse.

Die RTS-Kipper wurden sogar in der Volksrepublik China in Lizenz gefertigt und trugen dort den klangvollen Namen Huang He Modell QD 352.

Die Zugmaschine 706 RTTO mit dem Karosa-Sattelauflieger vom Typ NO ist ein Höhepunkt auf allen Nutzfahrzeugtreffen. (Foto: ERWE)

Eine RTTN-Zugmaschine des VEB Kraftverkehr Halle mit Propaganda für die Kultureinrichtungen der Saalestadt beim Umzug zum 1. Mai 1970. (Foto: W. Ziegler)

Gleich drei RTTN-Sattelzüge des VEB Kraftverkehr Halle beim Umzug zum 1. Mai 1967 in der Saalestadt. (Foto: W. Ziegler)

Sehr schön restaurierter Sattelzug mit Skoda-Zugmaschine 706 RTTN. (Foto: ERWE)

Allradgetriebene Zugmaschine Skoda 706 RTTNP mit Ladekran und Nachläufer für den Holztransport. (Foto: ERWE)

Da die DDR keine eigenen großen Kühltransport-Lkw baute, waren die Importe von Sattelzügen aus der Tschechoslowakei besonders wichtig. Bis 1980 waren es Zugmaschinen Skoda 706 RTTN mit Orlican-Aufliegern des Typs N 12CH, von denen 818 Stück bezogen wurden. (Foto: j. Danker)

Der VEB Kraftverkehr Plauen des Verkehrskombinates Karl-Marx-Stadt baute auf Basis einer RTTN-Zugmaschine einen Abschleppwagen, der heute von einem Sammler mit viel Liebe zum Detail restauriert, noch zeigen darf was er kann – und sei es nur für den Fotografen. (Foto: ERWE)

Die RTS-Kipper waren in der DDR oft auch als Anhängerzüge im Einsatz. (Foto: ERWE)

Voll beladene RTS-Kipper beim Belastungstest der Friedensbrücke über den Fluss Raab in Györ im Jahr 1971. (Foto: Fortepan_98030_CC BY-SA 3.0)

Prospekt des Huang He Modell QD 352, dem chinesischen Lizenzprodukt des Skoda 706 RTS.

Wichtig waren die Fahrgestelle der Typen RTH und RTH-1, von denen bis 1973 insgesamt 3.338 Einheiten von LIAZ ausgeliefert wurden. Sie dienten diversen tschechoslowakischen Aufbauherstellern als Basis für Sonderaufbauten.

Besondere Bedeutung hatte das 706 RTH - Fahrgestell für die Montage von Tankaufbauten bei THZ-Karosa Vysoké Mýto. Dazu gehörte auch der in der DDR und anderen Ostblockstaaten sehr verbreitete Sprengwagen Skoda 706 RT AKV. Allein die DDR kaufte 726 Stück. Er diente sowohl als Zisternenwagen, als auch zum Spülen von Fahrbahnen. Die Saugpumpe war pneumatisch betätigt, die Sprengpumpe elektropneumatisch. Der 7.000 Liter fassende Kesselaufbau mit Pumpe und Sprengvorrichtung konnte als Einheit demontiert und bei Bedarf durch einen Pritsche ersetzt werden.

Skoda 706 RT AKV Sprengwagen	
Hersteller:	LIAZ Jablonec n.N. / THZ - Karosa Vysoke Myto
Baureihe / Modell:	Skoda 706 RT AKV
Bauart:	Sprengwagen
Bauzeit:	1958 – 1975
Motor:	Skoda 706 RT 6-Zylinder-R-Dieselmotor, wassergekühlt
Hubraum:	11.781 cm^3
Leistung:	118 kW (160 PS) bei 1.900 U/min
Getriebe:	5 + 1 Gänge
L x B x H:	7.700 x 2.500 x 2.495 mm
Radstand:	4.000 mm
Leermasse:	7.600 kg
Nutzmasse:	7.350 kg
Bereifung:	11.00 x 20
Höchstgeschw.:	75 km/h
Bemerkung:	Nebenabtrieb für Wasserpumpe

Aufnahme des Sprengwagen Skoda 706 RT AKV bei einer Werbetour durch Nordafrika.

Die AKV-Sprengwagen dienten auch zur Beförderung von Trinkwasser und als Wassertransporter bei Feuerwehren. (Foto: M. Benndorf)

Einer der ersten RTK-Müllwagen, die in die DDR geliefert wurden. Bis 1961 waren es 185 Stück dieser Bauform.

Ebenfalls dem Kommunalbereich diente das Müllwagen-Chassis 706 RTK

Die Müllsammelaufbauten stammten von der Firma BSS in Brandys n.L. Eine pneumatische Kippvorrichtung entleerte die Müllbehälter in die Vorkammer, von wo aus die Abfälle mit Ladeschaufeln in die 11,5 Kubikmeter große Sammeltrommel gelangten, in der sie verdichtet wurden. Unterschiedliche Varianten ergaben sich durch die Größe der aufzunehmenden Müllbehälter: RTK-1 und später BOBR 11,5-1.0 für die 110-Liter-Tonne oder BOBR 11,5-2.1 für den 1,1-Kubikmeter-Container. Die RTK / RTK-1 / BOBR waren die Standard-Müllwagen in der DDR und gleichzeitig die Skoda-RT-Typen mit der höchsten Einzel-Importzahl von über viertausend Stück.

Sie wurden später durch LIAZ-100-Varianten abgelöst.

Skoda 706 RTK-1 (BOBR 11,5-2.1)	
Hersteller:	LIAZ Jablonec n.N. / BSS Brandys n.L.
Baureihe / Modell:	Skoda 706 RTK-1 (BOBR 11,5-2.1)
Bauart:	Müllsammelwagen
Bauzeit:	1958 - 1979
Motor:	Skoda 706 RT 6-Zylinder-R-Dieselmotor, wassergekühlt
Hubraum:	11.781 cm³
Leistung:	118 kW (160 PS) bei 1.900 U/min
Getriebe:	5 + 1 Gänge
L x B x H:	8.000 x 2.500 x 3.200 (3.400) mm
Radstand:	4.000 mm
Leermasse:	9.100 kg (10.000 kg)
Nutzmasse:	7.000 kg (6.000 kg)
Bereifung:	11.00 x 20
Höchstgeschw.:	70 km/h
Bemerkung:	Klammerwerte für BOBR 11,5-2.1.

Bei den späten Baujahren der als BOBR bezeichneten Müllfahrzeuge reichte die Trommelverkleidung nur bis über die Kotflügel. (Foto: ERWE)

Das Tanklöschfahrzeug CAS 25 (TLF 25) auf dem Allrad-Chassis Skoda 706 RTHP mit 8-sitziger Kabine gehörte zur Standardausrüstung tschechoslowakischer Feuerwehren und ist heute noch mancherorts anzutreffen. (Foto: ERWE)

Der von THZ Vysoke Myto gefertigte Tanklöschaufbau des CAS 25 war so gestaltet, dass hinten ein Bedienstand integriert war. (Foto: Wilfried Klahre)

Besonders für die Feuerwehren in der Tschechoslowakei fertigte LIAZ bis 1984 etwas mehr als 3.000 Stück des Spezialfahrgestells Skoda 706 RTHP mit Doppelkabine, Allradantrieb und Differentialsperren sowie einem zusätzlichen Pumpenantrieb. Die Feuerwehraufbauten kamen von THZ-Karosa aus Vysoke Myto. Im Jahr 1899 hatte Vaclav Stratilek in Vysoke Myto eine Firma für Feuerlöschtechnik gegründet, die nach der Verstaatlichung 1948 unter dem Kürzel THZ firmierte und 1962 dem Unternehmen Karosa zugeordnet wurde.

Die üblichen THZ-Feuerwehren auf Skoda 706-Chassis waren die Tanklöschfahrzeuge ASC 16 und CAS 25, die beide 3.500 Liter Löschwasser und 200 Liter Schaumbildner mitführen konnten, aber unterschiedliche Pumpenleistung hatten. Während der ASC 16 auf dem 4x2-Fahrgestell RTH aufbaute, nutzte der CAS 25 den Chassis-Typ RTHP mit zuschaltbarem Vorderachsan-

Eine geringere Anzahl von Fahrgestellen Skoda 706 RTHP wurde anstelle der Mannschaftskabine mit normalen RT-Fahrerhäusern ausgerüstet. (Foto: MH)

Das Niederrahmen-Fahrgestell RTOch diente als Basis verschiedener Busaufbauten und Spezialfahrzeuge.

trieb. Beide Typen standen aber nicht auf der offiziellen DDR-Importliste.

Allerdings gab es auch in der DDR verschiedene individuelle Umbauten, bei denen Wassertankfahrzeuge 706 RT AKV für den Feuerwehreinsatz modifiziert wurden. Meist dienten sie als Löschmittelzubringer. In einigen Fällen wurden auch Tragkraftspritzen fest installiert.

Die mit Abstand größten Produktionszahlen innerhalb der RT-Typenreihe erreichten aber die Niederrahmen-Chassis RTOch für Omnibusse und das davon abgeleitete Fahrgestell RTD für Spezial-Niederflur-Lkw.

Die Fertigung der Niederrahmenfahrgestelle lief zunächst im Werk Mnichovo Hradiste, wo von 1957 bis 1985 immerhin 79.711 Stück montiert wurden. Nach der Verlegung der Produktion zum LIAZ-Betrieb in Velky Krtis waren es von 1985 bis 1990 nochmals 6.502 Stück, womit insgesamt eine Fertigungszahl von 86.213 erreicht werden konnte.

Den bekanntesten Busaufbau für das Chassis 706 RTOch hatte Karosa in Vysoke Myto entwickelt. Der Bustyp Skoda 706 RTO wurde außer bei Karosa selbst, auch in den Werken LIAZ Jablonec-Rynovice, SVA Holysov und Jelcz (Polen) montiert, worauf später noch ausführlich eingegangen wird.

Tiefrahmen-Lastwagen für besondere Einsatzzwecke montierten verschiedene Firmen in der Tschechoslowakei und in geringen Stückzahlen auch in der DDR auf den Fahrgestellten RTOch und RTD. Dazu gehörten Aufbauten für Rundfunk- und Fernsehübertragungswagen, verschiedene Möbelkoffer, Getränketransporter,

Skoda 706 RTD Niederahmen-Pritschenwagen	
Hersteller:	LIAZ Jablonec n.N. / Orlican Chocen
Baureihe / Modell:	Skoda 706 RTD-a
Bauart:	Niederrahmen-Pritschenwagen
Bauzeit:	1957 - 1985
Motor:	Skoda 706 RT 6-Zylinder-R-Dieselmotor, wassergekühlt
Hubraum:	11.781 cm³
Leistung:	118 kW (160 PS) bei 1.900 U/min
Getriebe:	5 + 1 Gänge
L x B x H:	9.900 x 2.500 x 2.500 mm
Radstand:	5.600 mm
Leermasse:	6.650 kg
Nutzmasse:	7.430 kg
Bereifung:	11.00 x 20
Höchstgeschw.:	75 km/h
Bemerkung:	Pritschenaufbau erfolgte durch Orlican Chocen.

Lastwagen mit verlängerter und tiefer gelegten Pritsche sowie Viehtransporter.

Der RTD besaß das normale Fahrerhaus der RT-Familie. Die Pritschenlänge beim RTD betrug stattliche 7.040 mm, der Radstand 5.600 mm. Die Pritschenhöhe über Fahrbahn maß je nach Ausführung 800 mm oder 1.150 mm, wobei die Radkästen teilweise in den Pritschenboden hineinragten.

Nicht nur in der Tschechoslowakei, sondern auch in Ungarn, waren die Möbelwagen Skoda 706 RTOS anzutreffen. Für das Bus-Chassis 706 RTOch hatte Karosa in Vysoke Myto 1963 einen Aufbau entwickelt, der den vorderen Teil des Omnibusses Skoda 706 RTO als Fahrerkabine nutzte und mit einem Möbelkoffer kombinierte. Ab 1964 übernahm der Betrieb Orlican in Chosen die Fertigung dieser Fahrzeuge.

Zur Leipziger Messe 1959 zeigte das Karosseriewerk Halle einen Ausstellungszug auf einem 706 RTOch-Fahrgestell. (Foto: SlgERWE)

Beim ungarischen Verkehrsunternehmen VOLAN-TEFU waren mehrere RTOS-Möbelwagen im Einsatz. (Foto: Fortepan_206783)

Ebenfalls bei der Firma Hiller erhielt ein RTOch-Chassis diesen individuellen Aufbau als Möbeltransporter. (Foto: ERWE)

Ein in der DDR von der Firma Hiller in Ehrenhain für die Landesbühnen Brandenburg in Potsdam gebautes Tournee-Fahrzeug mit Pritschenanbau auf Basis eines RTO-Bus. (Foto: Slg. Hiller)

Es übersteigt den Rahmen dieser Publikation, alle Spezialaufbauten zu erwähnen, die auf Basis der verschiedenen RT-Chassis-Varianten entstanden sind, sei es serienmäßig oder als Sonderanfertigungen. Dazu gehörten Kranwagen und Hochhub-Arbeitsbühnen, Landwirtschafts-Lkw und Abschleppwagen.

Insgesamt wurden von der Baureihe 706 RT 157.328 Fahrzeuge in den Werken Mnichovo Hradiste und Velky Krtis gebaut, die letzten Bus-Fahrgestelle im Jahr 1990. Ansonsten war die RT-Fertigung 1984 ausgelaufen.

Oberleitungsmontagewagen für die Verkehrsbetriebe der Hauptstadt Prag, auf Skoda RT-Chassis und mit einem Spezialaufbau der deutschen Firma Schörling. (Foto: ERWE)

Der Kraftverkehr Halle baute in Eigenregie diesen Hängerzug zum Transport von Braumalz. Die Verwendung des Skodas mit kurzem Ragstand erklärt sich aus der Tatsache, das der Zug häufig mit zwei Anhängern unterwegs war. (Foto: T. Gäuer)

Dieser Skoda-Montagemast war 2009 noch in Swinoujscie im Einsatz – der Mercedes-Stern diente wohl eher der Zierde. (Foto: ERWE)

Zugegeben, das Foto aus den 60er Jahren ist nicht das Beste – aber ein Skoda RT einer österreichischen Firma aufgenommen in der Nähe von Flensburg ist sicher eine Rarität. (Foto: Slg. K. Sieh) →

Es soll nicht unerwähnt bleiben, dass die Firma Praga aus Prag-Vysocani die viersitzige Frontlenkerkabine des Skoda 706 RT von 1959 bis 1962 für die Komplettierung ihrer Sattelzugmaschinen der Typen S5TTN und S5T-2-TN einsetzte. Basis war ein verkürztes Chassis des Hauben-Lkw Praga S5T mit modifizierten Aggregaten. Fast ausschließlich für den Export in die Sowjetunion bestimmt, rüstete Praga diese Zugmaschinen mit den Kühlaufliegern N7CH und N10CH der Firma Orlican in Chocen aus. Insgesamt wurden 3.005 Fahrzeuge dieses Typs produziert. Sie unterschieden sich optisch von den Skoda RTTN-Typen neben dem Schriftzug durch die kleineren Räder mit der Reifendimension 9.00x20,00.

Eine Zugmaschine Praga S5TTN mit der Kabine des Skoda RT und einem Orlican-Kühlauflieger N7CH auf dem Gelände von Automot in Heidenau. Offensichtlich handelte es sich um ein Vorführfahrzeug. Ein offizieller Import in die DDR ist nicht dokumentiert.

Skoda-LIAZ 706 MT

Eigentlich hatte LIAZ darauf hingearbeitet, dem Typ Skoda 706 RT direkt die »NTR - Neue Typenreihe«, die später als Reihe 100 bezeichnet wurde, folgen zu lassen.

Um 1960 liefen schon die Arbeiten an neuen Baugruppen. Dies umfasste besonders den Motor, das Getriebe und die Antriebsachsen. Ein Schwerpunkt war das geplante, komplett neue Fahrerhaus. Aber die Bereitstellung der neuen Aggregate verzögerte sich deutlich und sie standen auch nicht gleichzeitig zur Verfügung. Besonders mit der Herstellung der Fahrerkabine gab es erhebliche Schwierigkeiten

Deshalb entschloss sich LIAZ für eine Übergangslösung. Diese, auf den Skoda 706 RT ab 1965 folgenden Typen, erhielten die Bezeichnung 706 MT (= modernisovany trambus = modernisiert, Frontlenkerkabine). Beim MT handelte es sich eigentlich um die Serie RT mit neuen Aggregaten, die in zwei Schritten eingeführt wurden.

Von 1965 bis 1969 lief unter der Bezeichnung MT bzw. MT 3 praktisch ein erster Übergangstyp, der noch über die Hinterachse des RT verfügte, aber schon die erste Bauform der neuen M-Motorenbaureihe vom Typ M 630 mit 192 PS nutzte. Die Fertigung des MT / MT 3 begann im Werk Mnichovo Hradiste mit Pritschenwagen in Normal- und Langausführung (Radstände 4.000 mm oder 5.400 mm).

Es folgten 1966 die Sattelzugmaschinen 706 MTTN 3 und die Kipper 706 MTS 23. Bis 1969 montierte LIAZ insgesamt 2.019 Exemplare der Bauform MT / MT 3.

Ab 1969 standen weitere neue Baugruppen zur Verfügung, mit denen die nächsten Typen der MT-Reihe

Der Skoda 706 MTC 3 Lux war ein Pritschenwagen mit langem Radstand für den internationalen Fernverkehr, ausgerüstet mit Schlafkabine und Zollverschluss. Zum Einsatz kam bei der ersten Ausführung der M-Baureihe noch die einfach übersetzte Hinterachse, die vom Typ RT stammte.

Ein Pritschenwagen 706 MT 4 eines privaten Fuhrunternehmers aus dem Bezirk Halle. (Foto: ERWE)

nun ausgestattet wurden. Von dieser als MT 4 / MT 5 bezeichneten Bauform entstanden in Summe 120.013 Fahrzeuge. Typische Merkmale war die Verwendung von leistungsstärkeren Motoren M 634, Außenplaneten-Hinterachsen und dem Praga-Schaltgetriebe 10P80. Dieses bestand aus einem Fünfgang-Grundgetriebe und einer zweistufigen, pneumatisch geschalteten Nachschaltgruppe. Nur in wenigen Fällen wurde die einfache Fünfgangausführung 5P80 verbaut.

Lediglich die alte RT-Kabine prägte immer noch das Aussehen der Fahrzeuge. Allerdings stand nun auch eine kurze, zweisitzige Bauform zur Verfügung, ähnlich den bereits 1963 für den RT entwickelten Prototypen.

Die MT-Baureihe blieb auch nach dem Erscheinen der Baureihe 100 im Jahr 1974 zunächst noch im Angebot und wurde erst schrittweise ersetzt. Besonders die Kipper und Landwirtschaftsfahrzeuge waren teilweise bis 1990 lieferbar.

Als Pritschenwagen für den schweren Überland- und internationalen Verkehr bot LIAZ bis zum Erscheinen der Baureihe 100 Varianten der Typen MT 4 und MT 5

Besonders bis zum Erscheinen der LIAZ-Baureihe 100 übernahmen Pritschenwagen MT 4 und MT 5 auch Aufgaben im internationalen Güterfernverkehr. (Foto: A. Johanßen)

(mit längerem Radstand) an. Die Bauform MTV hatte erhöhte Bordwände, der MTC dazu Plane und Zollverschluss. Der MTC Lux besaß außerdem eine Kabine mit Schlafgelegenheit.

Im Jahr 1970 wurde die Montage der Pritschenwagen MT 4 und MT 5 von Nordböhmen in das slowakische LIAZ-Zweigwerk Zvolen verlagert. Im selben Jahr erfolgte auch eine Vereinbarung zur Montage des Skoda 706 MT 4 im bulgarischen Werk Madara in Shumen.

Der MT 4 Pritschenwagen konnte auch mit Ladekran-Aufbauten HR 2503 des Herstellers BAZ Bratislava geliefert werden. Außerdem gab es unter der Bezeichnung 706 MTch 4 ein Fahrgestell für verschiedene

Skoda 706 MT 4 (MT 5)	
Hersteller:	LIAZ Jablonec n.N.
Baureihe / Modell:	Skoda 706 MT 4 (MT 5)
Bauart:	Pritschenwagen
Bauzeit:	1970 - 1982 (1969 - 1982)
Motor:	Skoda M 634 6-Zylinder-R-Dieselmotor, wassergekühlt
Hubraum:	11.940 cm³
Leistung:	147 kW (200 PS) bei 2.000 U/min
Getriebe:	(5 + 1) x 2 Gänge
L x B x H:	7.600 (8.700) x 2.500 x 2.600 (ohne Plane) mm
Radstand:	4.600 mm (5.400 mm)
Leermasse:	6.750 (7.200) kg
Nutzmasse:	9.250 (8.600) kg
Bereifung:	11,00 x 20
Höchstgeschw.:	90 km/h
Bemerkung:	Klammerwerte für Typ MT 5.

Ein Lastzug mit Pritschenwagen Skoda 706 MTC 5 Lux einer Dresdner Spedition als Blickfang bei einem Treffen historischer Fahrzeuge. (Foto: MDü)

Skoda 706 MT 4 mit einem Ladekran des Typs HR 2503 von BAZ Bratislava. (Foto: MDü)

Sonderaufbauten. In der DDR wurden diese Chassis unter anderem mit Betonpumpen des VEB Baumechanisierung Halle-Ost versehen.

Nachdem von 1966 bis 1968 bei LIAZ zunächst 373 Stück der Sattelzugmaschine MTTN 3 mit RT-Hinterachse und M-630-Motor entstanden waren, erfolgte 1969 auch bei den MTTN-Typen der Übergang zu Außenplaneten-Hinterachsen und Motoren des Typs M 634. Durch die geräumige Kabine eignete sich der Typ 706 MTTN besonders für den Güterfernverkehr, in der Ausführung MTTN 5 Lux auch für internationale Strecken. Immerhin kamen auch 462 Sattelzugmaschinen 706 MTTN 5 in die DDR, die nicht nur im Fernverkehr, sondern auch beim Containertransport eingesetzt waren.

Fahrgestell 706 MTch 4 mit hydraulischer Betonpumpe HBP 60F vom VEB Baumechanisierung Halle-Ost. (Foto: ERWE)

Der Kipper 706 RTS (links) mit großer Kabine und Trilex-Felgen unterscheidet sich deutlich vom Typ MTS mit seiner kurzen Kabine und den Scheibenrädern. (Foto: ERWE)

Skoda MTS 24 als Zug mit zwei Anhängern im Einsatz beim Kraftverkehr Meißen. (Foto: VGM)

Die hauptsächlich für die Kipper konzipierten Chassis wurden auch für diverse Sonderaufbauten genutzt, welche meist tschechoslowakische Hersteller für die Kommunal-, Land- und Bauwirtschaft entwickelten. Dazu kamen, wie auch schon bei der RT-Reihe, zahlreiche individuelle Um- und Aufbauten.

Mit der Entwicklung der MT-Lkw-Baureihe lag es nahe, auch das RTOch-Niederrahmenfahrgestell für Omnibusse zu modernisieren. Im Ergebnis entstanden seit 1966 mehrere Prototypen und in den Jahren 1974 und 1975 eine Serie von 603 Omnibus-Fahrgestellen Skoda MTOch mit Motoren M 634, Scheibenrädern und Außenplaneten-Hinterachsen. Ein Teil der Achsen wurde von Raba aus Ungarn bezogen. Diese Fahrgestelle trugen die Bezeichnung MTO 1Rch. Die Busaufbauten entsprachen dem Typ Skoda 706 RTO und wurden in den Werken SVA Holysov und JZS Jelcz montiert.

Die Skoda-Kipper 706 MTS 24 wurden von 1969 bis 1987 auch in die DDR geliefert und als Solofahrzeuge und mit Anhängern betrieben. (Fotos: ERWE)

Für die Landwirtschaft entwickelte Kipper-Variante MTSP 27 AGRO mit Allradantrieb. (Foto: ERWE)

Bei diesem MTS 24 mit Ladekran HR 3000 von BAZ Bratislava handelt es sich wohl um eine Sonderanfertigung. (Foto: MDü)

Silokipper Typ CPSH16 von ZTS Kosice auf Skoda 706 MSch 24.

Wie schon beim Vorgängertyp RT, baute die deutsche Firma Schörling ihre Oberleitungsmontagewagen auch auf MT-Fahrgestelle. Dieses Spezialfahrzeug war in Budapest im Einsatz. (Foto: ERWE) →

Dieser Skoda 706 MTSch 24 mit Betonmischer von Stasis Horni Slavkov war wohl am Ende seiner Einsatzzeit angekommen. (Foto: M. Benndorf)

Skoda-LIAZ 100/110

Bereits seit 1962 arbeitete LIAZ daran, die RT-Reihe möglichst direkt durch einen modernen Nachfolger zu ersetzen. Als Ziel hatte man sich die Jahre 1968 und 1969 gesetzt. Deshalb kooperierte das Unternehmen zunächst intensiv mit polnischen Partnern, wie JZS Jelcz. Dabei entstanden ab 1963 unter der Typbezeichnung 960 verschiedene Kabinenentwürfe und Prototypen, die aber letztlich nicht umgesetzt wurden.

LIAZ führte die Entwicklungen allein weiter und bezeichnete das Projekt zunächst als NTR (Neue Typen-Reihe), später als Baureihe 100. Ende 1964 brachte LIAZ zwei Prototypen, den Pritschenwagen 100.01 und den Kipper 100.21, deren modern gezeichnete Kabine der späteren Serienausführung schon sehr nahe kam. Mitte 1966 stand die Seriengestaltung nahezu fest. Die Kabinen verfügten aber zunächst noch über eine geteilte Frontscheibe und eine etwas flachere Dachlinie.

Auf der Messe in Brno 1973 wurden erstmals zwei Ausführungen der Baureihe 100 vorgestellt, die Sattelzugmaschine 100.45 und der Pritschenwagen 100.05.

Die Serienfertigung begann in sehr bescheidenem Rahmen zum Ende des Jahres 1974 mit zehn Stück vom Typ 100.45. Und auch 1975 waren es nur 104 Sattelzugmaschinen, die LIAZ produzierte. Dazu kamen 1975 noch die ersten zehn Pritschenwagen Skoda-LIAZ 100.05.

Die erhebliche Verzögerung bei der Einführung der Reihe 100 lag weniger an mangelnden konstruktiven Lösungen, als vielmehr an begrenzten technologischen Möglichkeiten, nicht gesicherten Zulieferungen von Aggregaten und Bauteilen und ungenügenden Investitionen. So mussten aus Mangel an eigenen Kapazitäten die Presswerkzeuge für die Kabinen in England bestellt werden. Auch andere Teile oder Lizenzen stammten aus dem NSW, dem »Nicht-sozialistischen-Währungsge-

Dieses Prospektbild des Typs 100.45 von der Messevorstellung 1973 zeigt noch die Vorserienkabine mit geteilter Frontscheibe.

Der Pritschenwagen Skoda-LIAZ 100.05 wurde seit 1977 auch in die DDR importiert und besonders bei den großen Verkehrskombinaten im nationalen und internationalen Fernverkehr eingesetzt. (Foto: ERWE)

biet«. So waren fast alle aufgeladenen Motoren mit Lizenz-KKK-Abgasturboladern ausgerüstet, die aus einem tschechischen Werk in Strakonice kamen.

Wichtig für die Reihe 100 waren die Herstellung neuer Hinterachsen und angetriebener Vorderachsen. Dafür reichte die Kapazität im LIAZ-Werk Hanychov nicht aus. Deshalb hatte LIAZ schon 1970 eine Kooperationsvereinbarung mit dem bulgarischen Werk Madara Shumen geschlossen. Da aber die bulgarischen Lieferungen nicht genügten, kamen auch ungarische Raba-Achsen zum Einsatz.

Die Fahrzeugkonzeption stützte sich anfangs wesentlich auf die bei der Vorgängerbaureihe Skoda MT eingesetzten Aggregate. Merkmale waren z.B. der Einsatz von wassergekühlten LIAZ-Motoren der M-Baureihe mit Direkteinspritzung, auch in aufgeladener Ausführung. Dazu kamen Getriebe von Praga und blattgefederte Starrachsen, hinten mit Außenplaneten-Antrieb. Die bedeutendsten Neuerungen zeigten sich mit der großzügigen Frontlenkerkabine und der Anpassung an internationale Vorschriften, u.a. durch den Einsatz einer Dreikreis-Bremsanlage. Die Monoblock-Servolenkung steuerte die tschechische Firma Technometra bei.

Wesentliche Verbesserungen kamen 1984 mit dem Einsatz von kippbaren und gefederten Kabinen sowie der auf Wunsch lieferbaren Luftfederung. Durch die im selben Jahr überarbeitete Typnummerierung erhielten die Lastwagen mit Kippkabine die Bezeichnung LIAZ 110. Der von LIAZ bis zum Anfang der 1990er Jahre verwendete Typen-Code mit 2x3 Ziffern kennzeichnet die Bauform und den Einsatzzweck der Lastwagen. Auf den Namen Skoda musste nach Verhandlungen mit dem Markeninhaber, dem Unternehmen Skoda Pilsen, ab 1984 auch beim Export verzichtet werden.

Unter weitgehender Nutzung des Baukastenprinzips umfasste die Baureihe 100/110 diverse Pritschenfahrzeuge, Sattelzugmaschinen und Fahrgestelle für Spezialaufbauten. Die neuen Kipper kamen erst 1987 und lösten die alten MTS-24-Typen ab. Trotz aller technologischen und organisatorischen Schwierigkeiten konnten die Fertigungszahlen der Reihe 100 / 110 besonders in den 1980er Jahren deutlich gesteigert werden. Sie erreichten 1989 mit 6.911 Lastwagen den höchsten Jahreswert. Und sie bestimmte mit diversen Varianten und den späteren Weiterentwicklungen das Fertigungsprofil von LIAZ letztlich bis zum Ende des Unternehmens im Jahr 2003.

Ein LIAZ 122.053 von 1984 mit 6x2-Antrieb für den schweren Fernverkehr.

Sattelzugmaschinen in verschiedenen Konfigurationen gehörten seit dem Erscheinen der Reihe 100 zum Standardangebot von LIAZ. Die erste Sattelzugmaschine mit kippbarer Kabine wurde 1978 noch unter der Bezeichnung 100.55 mit 305-PS-Motor auf der Messe in Brno vorgestellt. Bereits 1974 war ein Prototyp auf dem russischen NAMI-Gelände ausgiebig getestet worden. Die Serienfertigung lief aber erst nach der Modellpflege 1984 unter dem neuen Typencode 110.551 an. Sie gehörte damit zur zweiten Generation der Baureihe 100/110 und verfügte somit über eine hydraulisch kippbare Kabine mit verbesserter Innenausstattung. Zum Einsatz kam nun der schräg liegende 320-PS-Motor MS 640, kombiniert mit dem neuen Praga-Getriebe 9P140. Die Federung übernahm eine Kombination aus Blattfedern und Luftfederbälgen. Außer auf Langstrecken kam die Zugmaschine 110.551 auch im schweren Baustellenverkehr zum Einsatz. Bis 1988 baute LIAZ insgesamt 898 Fahrzeuge dieses Typs, wovon 400 Stück in die DDR gelangten.

LIAZ 110.551	
Hersteller:	LIAZ Jablonec n.N.
Baureihe / Modell:	LIAZ 110.551
Bauart:	Sattelzugmaschine (4 x 2)
Bauzeit:	1984 - 1988
Motor:	LIAZ MS 640 6-Zylinder-R-Dieselmotor, wassergekühlt, ATL, Ladeluftkühlung
Hubraum:	11.940 cm³
Leistung:	235 kW (320 PS) bei 2.000 U/min
Getriebe:	9 + 1 Gänge
L x B x H:	6.195 x 2.500 x 2.810 mm
Radstand:	3.750 mm
Leermasse:	7.050 kg
Sattellast:	8.950 kg
Bereifung:	11.00 x 20
Höchstgeschw.:	100 km/h
Bemerkung:	Kippbare Kabine, Luftfederung

Die DDR importierte eine größere Anzahl von Sattelzügen, bestehend aus der Zugmaschine LIAZ 100.47 und dem dreiachsigen Auflieger BSS NV 31.23.22 CT. Dieser verfügte nach dem starren Doppelachsaggregat über eine dritte spurgelenkte Nachlaufachse. (Foto: J. Danker)

LIAZ warb gern mit der weit kippbaren Kabine seiner Lkw-Baureihe 110.

Skoda-LIAZ-Sattelzüge waren nahezu überall in Osteuropa anzutreffen. (Foto: ERWE) ←

Unter der Bezeichnung »LIAZ 110.551 special« präsentierte LIAZ diese optisch aufgewertete Zugmaschine auf Messen und Ausstellungen.

Eine Rarität auf den Straßen der DDR blieben diese beiden Kippsattelzug-Kombinationen. Jeweils bestückt mit einer Zugmaschine LIAZ 110.551, kamen 1987 die BSS-Auflieger NS1 (Muldenkipper) und NS3 (Dreiseitenkipper) erstmals auf das Gelände des Importbetriebes Automot in Heidenau. (Fotos: MDü)

Von den Kühlsattelzügen Skoda-LIAZ 100.42 und 100.421 mit Orlican-Auflieger N13CH lieferte LIAZ fast 8.000 Stück überwiegend in die Sowjetunion. Auch die DDR erhielt 302 Stück bis 1989. (Foto: ERWE)

Der im Film »Wie fütterte man einen Esel« eingesetzte Sattelzug bestand aus dem im Jahr 1969 gebauten Zugmaschinen-Prototyp Skoda-LIAZ 126.42 und einem Sattelauflieger BSS NV 20.106 TIR. Die Sattelzugmaschine blieb ein Einzelstück und verfügte über den nicht aufgeladenen Motor MS 635 mit 230 PS. Als Besonderheit gab es ein luftgefedertes Tandemachsaggregat mit einfach übersetzten Hinterachsen. Nach dem Ende der Tests bei LIAZ wurde der Sattelzug ab 1971 für die Filmaufnahmen ausgeliehen. (Foto: DEFA-Stiftung)

»Wie füttert man einen Esel ?« – der Skoda als heimlicher DEFA-Filmstar

Einen seltsameren Titel für einen Fernfahrerfilm – oder sollte man besser Roadmovie sagen – hätten sich die Macher des Filmes wohl kaum ausdenken können. Um es kurz zu machen: nach allerlei Verwicklungen sind die beiden Protagonisten – der raubeinige, einem billigen Vergnügen niemals abgeneigte Fernfahrer Franz (Manfred Krug) und die eher im Prager Nahverkehr versierte Kraftfahrerin Jana (Karla Chadimova) mit einem Skoda-Sattelzug, beladen mit dringend benötigten Maschinenteilen, auf dem Weg nach Bulgarien. Es wird gefahren, geliebt und dann wieder nicht, und beim Happy-End wird abgeblendt. Natürlich sind ein kleiner sowie ein großer Esel im Spiel.

Mehr gäbe es zu dem amüsanten DEFA-Streifen aus dem Jahr 1973 nicht zu sagen – wenn, ja wenn da nicht die exotische Skoda-Sattelzugmaschine LIAZ 123.46 wäre. Dieser später nie wieder aufgetauchte 6x4-Prototyp aus dem Jahre 1969 – also noch vor dem Serienstart der 100er-Baureihe – wurde niemals in Serie gebaut. Alles Wissen über dieses für den Film im Bezirk Leipzig zugelassene Fahrzeug bewegt sich im Ungefähren. (Text: ERWE)

Als Wegzehrung für zwei Personen könne man einen Esel gelten lassen – so der nette bulgarische Zöllner.

»...du hast ganz genau gewusst, dass ich diesen Pass nicht fahren kann – mit 28 Tonnen am Arsch«; lässt die völlig entnervte Jana empört ihren Beifahrer Franz wissen.

Bereits 1969 drehte die DEFA den Film »Weite Straßen – stille Liebe«, wo sich Manfred Krug nach einem »dramatischen« Unfall schon immer mal im Abseilen übt. Auch hier ist ein Skoda im Spiel. (Fotos: DEFA-Stiftung)

Bereits 1980 hatte die tschechische Fachpresse über den Allrad-getriebenen Prototyp eines Dreiseitenkippers der Baureihe 100 berichtet. Weil aber noch genügend vertraglich gesicherte Exportaufträge zum Vorgängertyp MTS 24 vorlagen, wurden diese erst abgearbeitet und die Typablösung erfolgte ab dem Jahr 1987. Die neue Konstruktion basierte nunmehr auf der 110-er Reihe. Die kurze Kabine war demzufolge kippbar, was die Wartung erleichterte. Die Radaufhängung erfolgte aber traditionell mit Längsblattfedern und Stabilisatoren, vorn mit Teleskopstoßdämpfern. Den Anfang machte der 4x2-Kipper 150.261, von dem die DDR bis 1989 immerhin noch 568 Stück kaufte. Die Ausführung 151.261 mit Allradantrieb kam 1988 ins LIAZ-Angebot.

LIAZ 150.261	
Hersteller:	LIAZ Jablonec n.N.
Baureihe / Modell:	LIAZ 150.261
Bauart:	Dreiseitenkipper (4 x 2)
Bauzeit:	1987-1992
Motor:	LIAZ MS 640 F 6-Zylinder-R-Dieselmotor, wassergekühlt, ATL, Ladeluftkühlung
Hubraum:	11.940 cm³
Leistung:	212 kW (288 PS) bei 2.000 U/min
Getriebe:	(5 + 1) x 2 Gänge
L x B x H:	6.335 x 2.500 x 2.825 mm
Radstand:	3.550 mm
Leermasse:	7.700 kg
Nutzmasse:	9.300 kg
Bereifung:	11.00 x 20
Höchstgeschw.:	87 km/h
Bemerkung:	Geeignet für Anhänger mit 23.800 kg Gesamtmasse.

Ab 1987 löste der Dreiseitenkipper LIAZ 150.261 den bewährten MTS 24 ab. Auch heute noch sind diese Fahrzeuge auf tschechischen und slowakischen Straßen anzutreffen. Auf der Leipziger Messe wurden auch die Allradvarianten vorgestellt. (Foto: Jiri Erben CC BY-SA 3.0 / ERWE)

Werbeprospekt für den Dreiseitenkipper LIAZ 151.261 mit Allradantrieb.

Eine Rarität dürfte dieses Feuerwehrfahrzeug sein, bestehend aus Hochhubarbeitsbühne MP20-1 von SUB und LIAZ-110-Chassis. (Foto: Jiri Erben CC BY-SA 3.0)

Wie schon auf der Basis von Skoda-MT-Fahrgestellen, montierte der VEB Baumechanisierung Halle seine Betonpumpen nun auf LIAZ-Chassis 100.02. (Foto: ERWE)

Ein vom Kipper-Chassis abgeleiteter LIAZ 150.260 mit Schörling-Kehrmaschine TSZ-TS als Exportangebot zur Messe in Brno 1989. (Foto: MDü)

Das Agrokombinat Slusovice modifizierte 1989 das Allrad-Kipper-Chassis LIAZ 151.260 mit einem Schüttgut-Container-Absetzer. (Foto: MDü)

Für den internationalen Güterfernverkehr beschaffte die DDR-Spedition Deutrans neben diversen westlichen Lkw-Typen auch LIAZ-Lkw. Dazu gehörten Kofferzüge, bestehend aus luftgefederten Fahrgestellen 110.080 mit Aufbauten und Anhängern von Budamobil Budapest. (Foto: ERWE)

Für das Militär entwickelte LIAZ auch eine ganze Reihe spezieller Typen, wie z.B. 1983 den dreiachsigen Pritschenwagen 124.03 mit Allradantrieb. Letztlich waren sie aber bei der tschechoslowakischen Armee nicht so gefragt wie die konkurrierenden Tatra-Lastwagen. Recht erfolgreich verliefen dagegen ab 1987 die Geschäfte mit dem Irak, Pakistan, Saudi-Arabien und Uganda. Dabei handelte es sich überwiegend um zweiachsige Allrad-Lkw des Typs 111.151. Dessen Prototyp wurde in der ersten Hälfte des Jahres 1986 gebaut, wobei die beim Einsatz der 1985er »Rallye Paris-Dakar«-Fahrzeuge gewonnenen Erfahrungen einflossen.

LIAZ 111.154	
Hersteller:	LIAZ Jablonec n.N.
Baureihe / Modell:	LIAZ 111.154
Bauart:	Pritschenwagen 4 x 4
Bauzeit:	1986 - 1991
Motor:	MS 640 F 6-Zylinder-R-Dieselmotor, wassergekühlt
Hubraum:	11.940 cm³
Leistung:	235 kW (320 PS) bei 2.000 U/min
Getriebe:	10 + 2 Gänge
L x B x H:	7.130 x 2.500 x 3.050 mm
Radstand:	3.750 mm
Leermasse:	9.200 kg
Nutzmasse:	5.800 kg
Bereifung:	14,00 R 20
Höchstgeschw.:	108 km/h (140 km/h bei Rallye-Ausführung)
Bemerkung:	Typ 151.154 mit kürzerer Kabine und Winde

Eine zivile Ausführung des geländegängigen LIAZ 111.154, der an die Entwicklungen für die Rallye-Lkw von 1984 / 1985 anschloss und von dem ab 1987 verschiedene Militärversionen abgeleitet wurden.

Auf der Messe in Brno 1988 hatte LIAZ auch diese 4x4-Sattelzugmaschine im Ausstellungsprogramm, die auf dem Typ 111.154 basierte und trotz des zivilen Outfits für militärische Kunden gedacht war. Dahinter zu sehen ist ein LIAZ 151.261 Allrad-Dreiseitenkipper. (Foto: MDü)

Der Beginn der Aktivitäten von LIAZ bei Automobilrennen ist eng mit der Teilnahme an der Rallye Paris-Dakar 1985 verbunden. Im Frühjahr 1984 hatte das Direktorium von LIAZ die entsprechenden Vorbereitungen bestätigt. Bei der Konstruktion sollte so weit wie möglich auf Serienteile zurückgegriffen werden. Im Juli 1984 stand ein erster Versuchsträger zur Verfügung. Er diente besonders der Erprobung des Triebwerks und der Radaufhängungen. Danach begann die Konstruktion und der Aufbau der beiden Rennwagen für die Rallye Paris-Dakar 1985. Diese trugen anfänglich noch die Typenbezeichnung 100.55 D, später dann 111.154.

Die erste Rallyeteilnahme zeigte noch konstruktive Mängel, wie die zu schwachen Spurstangen. Trotzdem konnte das mit der Nummer 627 gestartete Fahrzeug noch den 13. Platz belegen. LIAZ schickte die »Dakar-Laster« im selben Jahr noch zur Pharaonen-Rallye nach Ägypten, wo ein 2. Platz erreicht werden konnte, alles in allem ein beachtlicher Start.

Bei der nächsten Rallye Paris-Dakar 1986 gingen drei LIAZ-Lkw an den Start. Dazu kamen noch zwei Rallye-Lkw von Tatra. Auch dieses Unternehmen beteiligte sich von nun an mit Unterstützung des französischen Importeurs MAM-Strager und des Außenhandelsbetriebes Motokov an den werbewirksamen Gelände-Rallyes.

Wegen einer ganzen Reihe von Problemen konnten die LIAZ-Rallye-Wagen 1986 keine Erfolge verbuchen. Aber nach einer deutlichen Überarbeitung des Typs 111.154 belegte ein LIAZ bei Paris-Dakar 1987 immerhin den 3. Platz in der Lkw-Kategorie. LIAZ und der Außenhandelsbetrieb Motokov nutzen die attraktiven Renn-Lastwagen immer wieder als Blickfang auf verschiedenen Messen und Ausstellungen.

Einer der beiden Wagen, die erstmals 1985 bei der Rallye Paris-Dakar starteten und der auch 2015 nochmals im Einsatz war. (Foto: ERWE)

Das Team Moskal, Joklik und Zalesky belegte mit diesem 140 km/h schnellen LIAZ 111.154 den 3. Platz bei der Rallye Paris-Dakar 1987 in der LKW-Kategorie.

8e RALLYE PARIS-DAKAR '86
LIAZ
PARIS
DAKAR
vsd
MOSKAL
JOKLIK
FENCL
vsd CHAUSSETTES OLYMPIA
627
LIAZ
MOTOKOV
LIAZ
MOTOKOV
M·A·A·STRIGER
MICHELIN
KLINGER
1986 PARIS-DAKAR LIAZ
EXPORT
MOTOKOV
CZECHOSLOVAKIA

LIAZ und das Außenhandelsunternehmen Motokov nutzen die Rallye-Teilnahmen zur intensiven Werbung, auch wenn gerade 1986 keine großen Erfolge zu verbuchen waren. **(siehe vorhergehende Seite) ←**

Auch auf der Publikumsausstellung Autoprogress Prag 1987 war der Rallye-LIAZ ein beliebtes Fotomotiv besonders bei Familien. (Foto: MDü) ↑

Beim Start in Paris zur Dakar-Rallye 1988 waren gleich sieben LIAZ angetreten, von denen einer den 2. Platz erreichte. Allerdings hinter einem Tatra mit dem erfolgreichen Karel Loprais am Steuer.

Außer als Wettbewerbsfahrzeuge waren LIAZ in den Folgejahren auch als Hilfs- und Begleitwagen im Einsatz. Im Jahr 1992 schickte LIAZ mithilfe einer Marketingagentur dann zwei Rallyewagen auf Basis der Baureihe 200 mit verschiedenen technischen Veränderungen in die Rennen. Es gab einen neuen Rahmen mit längerem Radstand, Motoren der Baureihe M1.2C, ein 16-Ganggetriebe von Praga und eine vom Fahrerhaus aus gesteuerten Reifenfüllanlage.

Neben den Rallye-Fahrzeugen hatte die LIAZ-Geschäftsführung im Jahr 1986 auch dem Bau von Renn-Lkw für die Teilnahme an Truck-Rennen auf Rundstrecken zugestimmt. Die ersten beiden noch fast serienmäßigen Sattelzugmaschinen wurden im März 1987 auf dem Hungaro-Ring getestet. Eine wichtige Modifikation war der Einbau von speziellen Motoren mit fast 500 PS Leistung, die LIAZ bereits in den Fahrzeugen für die Rallye Paris-Dakar eingesetzt hatte. Bei den Prüfungen zeigten sich Probleme mit den Turboladern, den Barum-Reifen und der Vorderachsgeometrie. Detailüberarbeitungen und auch der Einsatz einer kürzeren Fahrerkabine brachten deutliche Verbesserungen.

Zur Messe in Brno 1988 wurden die Rallye- und die Rundstrecken-Rennwagen von LIAZ der internationalen Presse mit spektakulären Präsentationen auf der verregneten Rennstrecke von Brno vorgestellt.

Bei den Wettbewerben im selben Jahr konnten die Fahrer Moskal und Vojtisek mit ihrem Liaz-Renn-Sattelzugmaschinen international schon gute Plazierungen erreichen. Bereits 1989 wurde der tschechische Fahrer Frantisek Vojtisek Vize-Europameister . Die LIAZ-Rennmotoren brachten es inzwischen schon auf eine Leistung von etwa 700 PS und beschleunigten die Laster in 7 Sekunden von 0 auf 100 km/h. Nach 1990 nutzen verschiedene Renn-Teams auch Motoren von Detroit Diesel in ihren LIAZ-Lastwagen.

Die technischen Entwicklungen und fahrerischen Leistungen bei Rallyes und Rundstreckenrennen mit LIAZ-Fahrzeugen können hier nur kurz angerissen werden. Eine weitere Aufzählung würde den Rahmen dieser Publikation übersteigen.

Zudem veränderte sich das Engagement des Herstellers bei den Sporteinsätzen.

Das Unternehmen LIAZ stand zum Anfang der 1990er Jahre durch die politischen und wirtschaftlichen Veränderungen vor schwierigen Aufgaben. Die Rennaktivitäten wurden zunehmend von privaten Teams bestritten, was auch die aufkommenden Trucktrial-Wettbewerbe betraf.

Im Jahr 1992 nahmen LIAZ-Fahrzeuge zum letzten Mal mit Werksunterstützung an einer Rallye von Paris bis nach Kapstadt teil. Und Ende 1996 stellte das werkseigene LIAZ-Racing-Team seine Tätigkeit ein.

Diese Sonderausführung der Sattelzugmaschine LIAZ 110.551 für Rundstreckenrennen wurde zur Messe Brno 1988 auf der nahen Rennstrecke präsentiert. Der Fahrer Frantisek Vojtisek konnte damit ein Jahr später Vize-Europameister beim »Truck Racing Cup« werden. (Foto: MDü)

LIAZ-Kooperation mit Madara in Bulgarien

Der Madara-LIAZ 100.47 fand bei der Messe in Leipzig durchaus das Interesse der Besucher. (Foto: MDü)

Skoda-Lastwagen waren schon vor 1945 in Bulgarien bekannt und wurden bald auch nach dem Krieg wieder geliefert. Dazu kam ab 1948 der Export von Niederrahmen-Fahrgestellen des Typs Skoda ROch für die Montage bulgarischer Busaufbauten, doch dazu an anderer Stelle.

Um den Bedarf an Lastwagen und Bussen besser decken zu können, orientierte Bulgarien auf den Ausbau von Montagekapazitäten und die Fertigung von Bauteilen und Aggregaten. Dafür nutzte man besonders die Firma Madara in Shumen, die seit 1958 Traktoren baute. In den Folgejahren standen zunächst Teile für sowjetische Lastwagen im Fokus, bis man 1967 mit dem Zusammenbau kompletter GAZ-Fahrzeuge begann. Um sich stärker auf die Lkw-Montage konzentrieren zu können, beendete Madara ab 1968 den Traktorenbau und verlegte die Teilefertigung in ein Zweigwerk.

Die Kapazitätserweiterung bot Madara die Möglichkeit, neben GAZ eine weitere Lkw-Montagefertigung zu übernehmen. Die Wahl fiel auf Skoda-Lastwagen, die sich schon in mehreren tausend Exemplaren in Bulgari-

Madara 800 auf Basis des LIAZ MT 4 mit Lizenz-Norba-Pressmüllaufbau.

Hier einige bulgarische Sonderaufbauten und Auflieger auf Madara-LIAZ-Lastwagen.

AZ-Fahrzeuge auch international zu präsentieren und damit die Leistungsfähigkeit des Landes unter Beweis zu stellen. Nach einer ersten Vorstellung zur bulgarischen Nationalausstellung 1972 in Dresden waren die bulgarischen Lastwagen und Aggregate später oft auf den Leipziger Messen vertreten.

Die Zusammenarbeit zwischen LIAZ und Madara, die ursprünglich bis 1980 befristet war, wurde 1981 bis zum Jahr 2000 verlängert. Insgesamt steuerte Madara zu dieser Zeit 19 Prozent der Bauteile und Baugruppen für die Skoda-LIAZ-Lkw bei. Auch die Ersatzteilfertigung für die tschechischen Antriebsachsen erfolgte zu 80 Prozent in Bulgarien. Neben den Hinterachsen wurden ab Mitte der 1980er Jahre bei Madara auch angetriebene Vorderachsen für Allrad-Lkw und die für die neuen dreiachsigen LIAZ-Modelle benötigten Tandem-Achsen hergestellt.

Seit den 1980er Jahre umfasste die bulgarische Montagefertigung zunehmend die LIAZ-Fahrzeuge der Baureihe 100/110. Bis 1990 sind etwa 43.800 Madara-LIAZ-Lastwagen in Bulgarien gebaut worden.

Besonders für die im Lande montierten LIAZ- und GAZ-Lastwagen hatte Madara im 1980 gegründeten Zweigwerk Preslav diverse Sonderaufbauten sowie Anhänger und Sattelauflieger gefertigt. Von da an nutzte Madara eine zweigleisige Systematik bei den Lkw-Typenbezeichnungen. Die weitgehend unverändert übernommenen GAZ- und LIAZ-Baumuster behielten ihre Originalkennzeichnung. Typen angepasster Konstruktion, mit veränderten Aggregaten oder speziellen bulgarischen

Aufbauten waren an einer dreistelligen Typnummer zu erkennen. Der 800er Nummernkreis kennzeichnete Laster auf Basis des MT4. Die ebenfalls in Bulgarien als Kipper und Fahrgestell für Sonderaufbauten montierte LIAZ-Baureihe 150/151 erhielt die Madara-eigene Bezeichnung 700. Dazu kamen unter der Seriennummer 900 noch dreiachsige LIAZ-Chassis mit bulgarischen Kipper- und Betonmischeraufbauten.

In Erweiterung zum tschechischen LIAZ-Typenprogramm waren die bulgarischen Madara-900-Typen auch mit den Antriebskonfigurationen 6x4 und 6x6 im Angebot.

Auch nach den politischen und wirtschaftlichen Veränderungen seit 1990 lief die Zusammenarbeit von Madara mit LIAZ zunächst weiter, sie war aber zunehmend von den Veränderungen und Unsicherheiten beim tschechischen Partner bestimmt.

Trotzdem weist die Statistik noch mehr als 800 LIAZ-Fahrzeuge aus, die von 1991 bis 2000 in Bulgarien montiert wurden.

Der Madara 851 kombiniert einen Pritschenwagen LIAZ MT 4 mit einem Heckladekran des Typs KCX-60.

Einer der dreiachsigen 6x4-Pritschenwagen Madara-LIAZ 123.053, die nur in Bulgarien in kleiner Serie gebaut wurden, bei LIAZ selbst entstanden nur Prototypen

Der dem Originaltyp außer dem Schriftzug entsprechende Kipper 150.261 fand sich im LIAZ-Madara-Export-Programm auf der Messe in Leipzig 1989. (Foto: MDü)

Madara-LIAZ-Chassis 150.260 mit bulgarischem Transportmischer-Aufbau. (Foto: MDü)

Vom S 1203 gab es auch eine achtsitzige Minibus-Variante in Standard- und De Luxe-Ausführung.

da-Pkw-Motoren und diverse Teile produziert wurden. Unter der Bezeichnung TAZ Skoda S 1203 M präsentierte man auf der Messe in Brno 1985 eine modernisierte Variante, die bis 1993 im Programm blieb.

Nach der staatlichen Trennung der Tschechoslowakei, montierte das slowakische Unternehmen ab 1993 die Transporter unter der Bezeichnung TAZ 1500 in eigener Regie. Man versuchte recht erfolglos den Export in westliche Länder. In Deutschland übernahm die Firma Pelusa in Luckau den Import und steuerte auch eigene Koffer-, Kühlkoffer- und Pritschen-Aufbauten bei. Ergänzend zu TAZ trugen die Transporter nun den Namen „Pelucar".

Nach dem Produktionsende von TAZ im Jahr 1999 übernahm der kleine Betrieb Ocelot Matejka im tschechischen Ort Zacler das in die Jahre gekommene Nutzfahrzeug. Doch einige optische Retuschen und technische Detailänderungen genügten nicht zum Überleben. Nach nur etwa 200 Einheiten war 2002 endgültig Schluss.

Ab 1985 erhielt die Baureihe ein Facelift mit Breitscheinwerfern und wurde nun als TAZ S 1203 M bezeichnet. (Foto: MDü)

Nur wenige der Skoda-Kleintransporter befinden sich, wie dieser TAZ 1500 aus dem Jahr 1993, heute in Sammlerhand. (Foto: ERWE)

Die Luckauer Firma Pelusa bot ab 1992 die TAZ-Transporter unter dem Namen Pelucar an und nutze die Hilfsrahmen-Variante für verschiedene eigene Aufbauten.

Ein Pritschenwagen TAZ 1500 in der letzten Bauform 1999 mit modifiziertem Stoßfänger und Skoda-Markenzeichen. (Foto: Jiri Erben / CC BY-SA 3.0)

Skoda- und TAZ-Transporter finden sich auch heute noch bei örtlichen Feuerwehren in Tschechien und der Slowakei. (Foto: MDü)

TAZ 1500 Kat Krankenwagen - Modell 1998 mit neuer Frontgestaltung. (Foto: MDü)

Skoda- und LIAZ-Nutzfahrzeuge ab 1990

(Foto: ERWE)

Naumann
Transport, Logistik und
Handelsgesellschaft mbH
Lössener Str. 17a * 06254 Luppenau
Tel. 03461 / 47 46 0
Naumann
LIAZ
MQ AN 522

Entwicklung des Unternehmens ab 1990

In der Folge der politischen Entwicklungen in der Tschechoslowakei in den Jahren 1989 und 1990 veränderten sich auch die Rahmenbedingungen für das Unternehmen LIAZ dramatisch. Immerhin beschäftigte es im Jahr 1990 noch 12.000 Mitarbeiter, die 15.800 Fahrzeuge und 23.400 Motoren produzierten. Bis dahin waren 60 bis 70 Prozent der LIAZ-Lkw exportiert worden.

Mit der Öffnung der Grenzen und der deutlichen Erleichterung der Nutzfahrzeug-Einfuhren befand sich nun auch LIAZ im Inland und in den ehemals absatzsicheren Ostblockländern im marktwirtschaftlichen Wettbewerb. Besonders die osteuropäischen Märkte brachen nun weg und ab 1991 sanken die Umsätze um 70 Prozent. Auch im Inland ging es nun nicht mehr darum, die LIAZ-Fahrzeuge an wartende Kunden zu verteilen, sondern im Wettbewerb mit internationalen Herstellern an den Mann zu bringen.

LIAZ musste reagieren. Die Montage im LIAZ-Werk Minichvo Hradiste erfolgte nur noch im Einschicht-Betrieb. Die Werke in Liberec-Ostasov und Holysov wurden als selbständig agierende Unternehmen ausgegliedert. Gerade noch 4.200 Fahrzeuge produzierte LIAZ in 1991, was nur 27 Prozent des Vorjahreswertes bedeutete.

Das Unternehmen LIAZ führte erste Gespräche über die Zusammenarbeit mit ausländischen Herstellern, allerdings ohne greifbare Ergebnisse. LIAZ hatte kein eigenes Konzept. Die neue Situation war in den Köpfen vieler Entscheidungsträger und Mitarbeiter offensichtlich noch nicht angekommen.

Der ehemalige Staatsbetrieb LIAZ wurde am 1. Mai 1992 in eine Aktiengesellschaft umgewandelt. Mit dem »Nationalen Eigentumsfonds« blieb der Staat der Mehrheitseigentümer. Das Industrieministerium traf damit auch weiterhin alle wichtigen Entscheidungen. Über die sogenannte Kuponprivatisierung wurden 43 Prozent

Optisch gegenüber der Reihe 110 weitgehend unverändert, aber mit einigen technischen Neuerungen war dieser LIAZ 230 auf der Messe in Brünn 1991 zu sehen. (Foto: MDü)

Nach der Übernahme von LIAZ durch Skoda Pilsen warb das Unternehmen 1996 wieder mit seiner Geschichte.

Selbst die auffällige Lackierung machte diese Zugmaschine auf der Leipziger Messe nicht unbedingt zum Publikumsmagnet. (Foto: ERWE)

der Firmenanteile verteilt. In diesem Jahr sank die Fertigungszahl weiter deutlich, nur noch ganze 2.388 Lkw verließen das Werk.

Mit großen Anstrengungen konnte die Überarbeitung der Motoren zur Erreichung der Euro-1-Abgasnorm abgeschlossen werden. Im Sinne der Modernisierung wurde die Verwendung westlicher Zulieferteile ausgeweitet, was allerdings den Preisvorteil gegenüber ausländischen Fahrzeugen verringerte. Die LIAZ-Typen 100/110 wurde zunehmend durch die in Details modernisierten Baureihen 200 und 300 abgelöst, was den Absatz aber nicht grundsätzlich verbessern konnte.

In Zuge der staatlichen Trennung der Tschechoslowakei wurden 1993 die beiden slowakischen Werke in Zvolen und in Velky Krtis in eigenständige Tochtergesellschaften überführt. LIAZ Zvolen versuchte - letztlich erfolglos - unter Nutzung von Steyr-Motoren mit dem Typ Furman eine eigenständige Fahrzeugreihe im Tonnagebereich ab 13 Tonnen Gesamtmasse zu etablieren. Ähnlich erging es LIAZ Jablonec ab 1995 mit dem Typ "S", der das Segment von 9 bis 12 Tonnen Gesamtmasse abdecken sollte.

Die Situation für LIAZ gestaltete sich immer schwieriger. Im ganzen Jahr 1994 konnten gerade noch 675

Fahrzeuge gefertigt werden. Die Mitarbeiterzahl war inzwischen auf 2.852 gesunken. Der Aktienkurs der LIAZ AG fiel rapide.

Auch bei den Exporten blieben die Erfolge aus. Sicher spielten dabei die mangelnde Flexibilität des Lieferanten, die wiederkehrenden Qualitätsprobleme und das zu dünne Servicenetz eine Rolle. Allein in Deutschland versuchten sich ab 1990 nacheinander vier verschiedene Unternehmen in der Vertretung von LIAZ.

Der tschechische Staat wollte nicht länger die Verantwortung für LIAZ tragen und verkaufte 1995 seinen Aktienanteil von 52,4 Prozent an die Holding Skoda Pilsen.

Das Ergebnis war die Gründung der Skoda-LIAZ AG. Zu diesem Unternehmen gehörten nur noch die Fertigungsstätten in Mnichovo Hradiste, Jablonec nad Nisou, Liberec und Melnik.

Durch den neuen Mehrheitsgesellschafter durfte seit 1995 für die LIAZ-Fahrzeuge wieder der Markenname Skoda benutzt werden.

Das Ziel von Skoda Pilsen war eigentlich die Gründung eines landesweiten Nutzfahrzeug-Verbunds unter Einbeziehung von Skoda-LIAZ, Tatra, Ross, Zetor und Motokov gewesen. Dieses Vorhaben scheiterte aber nicht nur aus finanziellen Gründen. Auch mangelnde es an der unter-

Durchaus modern, aber letztlich zu spät, feierte die neue Sattelzugmaschine 400 Xena mit dem klassischen Skoda-Label an der Front ihre Weltpremiere auf der IAA 1996 in Hannover. (Foto: MDü)

nisierte Schaltgetriebe von Praga, aber auch von ZF und Eaton. Die meist luftgefederten Hinterachsen stammten von RABA, LIAZ-Madara, Rockwell oder Detva. Die Sattelkupplungen steuerte Rockinger bei.

Von den insgesamt 2.812 von 1993 bis 2002 gefertigten Lastwagen der Reihe 300 waren 923 Sattelzugmaschinen, wobei die Typen 18.33 TBV und 19.33 TBV dominierten. Dazu kamen 1.013 Kipper in acht Spezifikationen sowie diverse Fahrgestelle für Kommunalfahrzeuge und Sonderaufbauten.

Skoda-LIAZ 19.33 TBV	
Hersteller:	Skoda-LIAZ a.s. Jablonec nad Nisou
Baureihe / Modell:	Skoda-LIAZ 19.33 TBV
Bauart:	Sattelzugmaschine
Bauzeit:	1995 - 1999
Motor:	LIAZ M 1.2 C M 640 SE 6-Zylinder-R-Dieselmotor, wassergekühlt, ATL, Ladeluftkühlung; EURO II
Hubraum:	11.940 cm³
Leistung:	242 kW (330 PS) bei U/min
Getriebe:	(7 + 1) x 2 Gänge, mit Vorschaltgruppe
L x B x H:	6.020 x 2.500 x 3.780 mm
Radstand:	3.350 mm
Leermasse:	7.290 kg
Sattellast:	10.710 kg
Bereifung:	295/80 R 22,5
Höchstgeschw.:	85 km/h mit Begrenzer

Die Fernverkehrs-Sattelzugmaschine Skoda-LIAZ 18.33 TBV aus der Reihe M 300 mit Maxikabine lief zwischen 1993 und 2000 insgesamt 734 mal vom Band. Dazu kamen noch 63 Stück der Modifikation 19.33 TBV.

Kipper 29.33 SD mit ungarischem Raba-Doppelachs-Aggregat.

Inzwischen sind auch die dreiachsigen Kipper aus der Reihe 300 nur noch selten auf tschechischen Baustellen anzutreffen. Nur 195 Stück des Typs 29.33 SD wurden bis 2002 gebaut. Er wurde besonders als Dreiseitenkipper, aber auch mit Kippmulde geliefert und fand sich auch im Programm des deutschen Importeurs. Das vollsynchronisierte Praga-Getriebe wurde mit Druckluftunterstützung geschaltet. Das Doppelachsaggregat kam von LIAZ-MADARA aus Bulgarien oder von RABA aus Ungarn und war mit Luftfederung oder wahlweise mit Parabelfedern ausgerüstet. Das kurze Fahrerhaus konnte im Winkel von 60 Grad gekippt werden.

Skoda-LIAZ 29.33 SD S3 6x4	
Hersteller:	Skoda-LIAZ a.s. Jablonec nad Nisou
Baureihe / Modell:	Skoda-LIAZ 29.33 SD S3 6x4
Bauart:	Dreiseitenkipper
Bauzeit:	1994 - 2002
Motor:	LIAZ M 1.2 C M 640 SE 6-Zylinder-R-Dieselmotor, wassergekühlt, ATL, Ladeluftkühlung; EURO II
Hubraum:	11.940 cm^3
Leistung:	242 kW (330 PS) bei U/min
Getriebe:	(7 + 1) x 2 Gänge, mit Vorschaltgruppe
L x B x H:	7.250 x 2.500 x 3.080 mm
Radstand:	3.200 + 1.350 mm
Leermasse:	11.250 kg
Nutzmasse:	10.710 kg
Bereifung:	295/80 R 22,5
Höchstgeschw.:	85 km/h mit Begrenzer

Dreiseitenkipper LIAZ-29.33 SD mit modifizierten Stahlbordwänden.
(Foto: Jiri Erben / CC-BY 3.0)

Ein Skoda-LIAZ 18.33 TBV auf einem Prospekt der Handelsfirma Motokov von 1998.→

Dieses vierachsige Kipperfahrgestell LIAZ 40.38 SC von 1995 blieb ein Einzelstück.

MOTOKOV a.s.

Baureihen 400 – Xena und Fox

Auf Drängen des neuen Hauptgesellschafters Skoda Pilsen forcierte LIAZ ab 1995 die Arbeiten an der Baureihe 400. Diese umfasste die Fernverkehrstypen Xena und die Fahrgestelle Fox für Kommunal-, Bau und Militärfahrzeuge.

Das erste Fahrzeug der Reihe 400, ein Prototyp der Sattelzugmaschine Xena, wurde 1996 auf der IAA in Hannover international präsentiert und stand auch im Juni 1997 auf der Messe in Brünn. Der zweite Prototyp mit einem Motor von Detroit Diesel wurde im August 1997 fertiggestellt. Nur diese ersten beiden Fahrzeuge verfügten an der Kabine über die vollständige Verkleidung der Einstiegsstufen, die mit dem Öffnen der Türen freigelegt wurden. Drei weitere Prototypen entstanden 1998 und wurden auf verschiedenen Messen gezeigt.

Skoda 19.47 TBV - Xena	
Hersteller:	Skoda-LIAZ
Baureihe / Modell:	19.47 TBV - Xena
Bauart:	Sattelzugmaschine
Bauzeit:	1996 - 1999
Motor:	Detroit Diesel S 6067 GK 60 6-Zylinder-R-Dieselmotor, wassergekühlt
Hubraum:	12.700 cm^3
Leistung:	321 kW (430 PS) bei 1.800 U/min; mit Cruise Control Funktion: 351 kW (480 PS)
Getriebe:	(8 + 1) x 2 Gänge (Eaton oder ZF)
L x B x H:	6.290 x 2.500 x 3.580 mm
Radstand:	3.550 mm
Leermasse:	7.880 kg
Sattellast:	10.120 kg
Bereifung:	295/80 R 22,5
Höchstgeschw.:	117 km/h (technisch)
Bemerkung:	Auch Motor: LIAZ M1.2C-M640TE: 300 kW (410 PS).

Der erste Prototyp der Sattelzugmaschine Skoda 19.47 TBV wurde 1996 in Hannover gezeigt und stand auch auf der Messe in Brünn 1997. Dieses Fahrzeug verfügte als einziges über den LIAZ-Motor LIAZ M1.2C-M640TE.

Dominierendes Merkmal war die in Design und Aufbau komplett neu gestaltete Kabine, für die ein »SKL« genanntes Baukastensystem entwickelt wurde. Ziel war es, unter Nutzung von Leichtmetall und Verbundwerkstoffen mehrere Kabinengrößen anbieten zu können und die Lebensdauer zu verlängern. Das tragende Element bildete ein Skelett aus Aluminium-Profilen und -Gussteile, das mit Alu-Sandwich- und Kunststoffelementen mittels Klebetechnik beplankt wurde.

Die Aufhängung der besonders für den Fernverkehr großzügig ausgestatten Kabine war mit vier Luftfedern versehen.

In den Jahren 1998 und 1999 wurden 30 Sattelzugmaschinen des Typs Skoda 19.47 TBV / DD 43 gebaut, die in Tschechien und der Slowakei zum Einsatz kamen. (Fotos : Jiri Erben / CC BY-SA 3.0)

Auch das Skoda-Trial-Team nutzte eine Zugmaschine Skoda 19.47 TBV / DD, allerdings mit einem Motor von Detroit Diesel. (Foto: MDü)

Zur Automesse in Leipzig 1999 präsentierte der damalige Importeur »LFW - Lausitzer Fahrzeugwerk« einen Xenia-Sattelzug für den schweren Baustofftransport. (Foto: MDü)

Prospektblatt für einen der letzten von Skoda im Jahr 1999 noch vorgestellten zweiachsigen Kipper aus der Reihe 400 Fox vom Typ 19.29 SA.

Die Hauptaggregate konnten von verschiedenen Herstellern konfiguriert werden.

Während der erste Wagen 1996 über einen LIAZ-Diesel M 1.2 C verfügte, wurden alle weiteren 400 Xena ab 1997 mit Detroit Diesel der Serie 60 bestückt. Beide Motoren arbeiteten allerdings nach Euro-II-Norm. Ein LIAZ-Euro-III-Motor konnte erst 2001 zugelassen werden und kam damit zu spät.

Die Getriebe kamen aus den USA von Eaton, die Hinterachsen stammten von Rockwell oder RABA, die Vorderachsen von LIAZ selbst. Die Lenkungen lieferten ZF oder AXL. Vorn kamen Parabelfedern, hinten Luftfedern zum Einsatz. Nur einige der ersten Fahrzeuge verfügten vorn über Knorr-Scheibenbremsen, die weiteren nutzten herkömmliche Trommelbremsen.

In den Jahren 1998 und 1999 wurde eine Serie von 30 Exemplaren der Sattelzugmaschine 400 TBV gebaut. Die Auslieferung des letzte Fahrzeugs erfolgte im Januar 2000. Insgesamt sind damit nur 35 Sattelzugmaschinen 400 Xena zum Einsatz gekommen.

Der Hersteller Skoda-LIAZ hatte erhebliche finanzielle Probleme und konnte die Produktion nicht mehr absichern. Die Xenia-Kunden sollten deshalb in Vorkasse gehen. Damit wurden auch die Interessenten in Tschechien und der Slowakei verprellt.

Mit einer kurzen Variante des SKL-Fahrerhauses ausgerüstet, stellte Skoda-LIAZ 1999 den Typ Fox als Basis für Kipper, Kommunalfahrzeuge und den Militäreinsatz in zwei- und dreiachsiger Ausführung vor. Die Motoren stammten von LIAZ. Die Getriebe kamen von Praga, die Hinterachsen von RABA oder Madara. Die Fertigungszahlen der Reihe 400 blieben bei LIAZ bis zum Ende 2002 in bescheidenem Rahmen. Die Firma TEDOM fertigte von 2006 bis 2009 auch noch einige Fox-Lkw.

Einer der wenigen Dreiachskipper der Baureihe 400 / Fox 33.45 6x4. (Foto: Jiri Erben / CC BY-SA 3.0)

Lastwagen unter TEDOM-Marke

Trotz der Liquidation von Skoda-LIAZ wurden etwas später nochmals einige Lastwagen in Jablonec nad Nisou gebaut. Die Firma TEDOM in Trebic hatte schon seit 1991 Blockheizkraftwerke und deren Antriebsmotoren gefertigt. Aus der Konkursmasse von Skoda-LIAZ kaufte das Unternehmen TEDOM im Mai 2003 das ehemalige LIAZ-Motorenwerk JAMOT mit den LIAZ-Motoren-Lizenzen und entwickelte daraus eigene CNG-Motoren.

Darüber hinaus sah TEDOM Chancen, auf der Basis der letzten LIAZ-Konstruktionen auch den Lkw-Bau wieder zu beleben und gründete im August 2006 die Tochtergesellschaft TEDOM Trucks s.r.o.. Dabei hatte man Absatzmöglichkeiten von jährlich etwa 5.000 Lastwagen mit CNG- und Dieselantrieb ins Auge gefasst. TEDOM Trucks erwarb alle Dokumentationen, Technologien und noch vorhandenen Produktionsmittel für die LIAZ-Serien 300 und 400.

Unter dem TEDOM-Label bot man Lastwagen in verschiedenen Ausführungen an, die auf der letzte LIAZ-Konstruktion »Fox«basierten. Nach einer markenrechtlichen Intervention von Volkswagen musste diese Bezeichnung aber aufgegeben werden.

TEDOM-Chassis des Typs Fox 19.32 für Kommunalaufbauten.

Obwohl mit den angebotenen Ausführungen besonders auf den Kommunal- und Militäreinsatz reflektiert wurde, gab es bis 2009 nur einen sehr geringen Absatz. Insgesamt sollen wohl nur 30 Lastwagen produziert worden sein. Deshalb wurde die Gesellschaft TEDOM Trucks zum Anfang 2010 liquidiert. Damit ging der Lastwagenbau in Nordböhmen zu Ende.

Durch die Firma TEDOM wurden auch einige Skoda-Kipper des Typs 29.33 SD mit neuen 400er-Kabinen grundüberholt. (Foto: Jiri Erben / CC BY-SA 3.0)

Skoda-Omnibusse ab 1945

(Foto: ERWE)

Der helle Fahrerplatz in einem Reisebus RTO LUX.

Hier das Cockpit eines RTO-Stadtlinienbusse nach der Restaurierung. Die obligatorische Wolldecke über der gewaltigen Motorabdeckung durfte natürlich nicht fehlen. (Foto: ERWE)

Der aus dem Werk Karosa stammende Stadtlinienbus RTO-MTZ für den Binnenmarkt verfügte ebenso wie die Exportausführung RTO-MEX über zwei Falttüren. (Foto: ERWE)

Da die Fertigungskapazität in Vysoke Myto begrenzt war, wurde die Montage der Aufbauten auf mehrere Betriebe verteilt. Dabei übernahm Karosa selbst die Stadtlinienbusse und die Reisebusse. Die Werke LIAZ Jablonec-Rynovice und SVA Holysov bauten die Linienbusse, wobei die Busse aus Rynovice mit vierteiligen Falttüren ausgerüstet waren. Auch wenn die tschechischen Hersteller bis 1972 insgesamt 14.451 Busse des Typs Skoda 706 RTO montieren konnten, wurde damit der Bedarf im Inland und beim Export noch nicht gedeckt.

Im Dezember 1958 wurde ein Lizenzvertrag mit der polnischen Firma Jelcz geschlossen. Dieser beinhaltete die komplette Montage von RTO-Busaufbauten auf zugelieferten tschechischen Skoda-RTOch-Fahrgestellen. In

Vom Gelenkbus RTO-K entstand bei Karosa lediglich ein Prototyp, der gut restauriert erhalten ist. (Foto: Ulrich Thomsch)

Polen standen zu dieser Zeit zwar Montagekapazitäten im Werk Jelcz zur Verfügung, aber es gab keine eigenen Chassis und fertig entwickelte Aufbauten für größere Busse.

Deshalb hatte sich Polen zum Kauf der Lizenz für RTO-Bus-Aufbauten entschieden. Die Fahrgestelle mit den Aggregaten wurden komplett von LIAZ aus der CSSR

Skoda 706 RTO	
Hersteller:	Karosa n.p. Vysoké Mýto
Bezeichnung:	Skoda 706 RTO – MEX
Bauart:	Stadtlinienbus
Bauzeit:	1957-1972
Motor:	Skoda 706 RT 6-Zylinder-R-Dieselmotor, wassergekühlt
Hubraum:	11.781 cm^3
Leistung:	118 kW (160 PS) bei 1.900 U/min
Getriebe:	5 + 1 Gänge
L x B x H:	10.870 x 2.500 x 2.900 mm
Radstand:	5.450 mm
Leermasse:	8.570 kg
Platzangebot:	29 Sitzplätze, 52 Stehplätze
Bereifung:	11.00 x 20
Höchstgeschw.:	60 km/h
Bemerkung:	Stadtlinienbus in Exportausführung

Auch bis nach Kuba wurden Skoda-RTO-Busse geliefert. Schon nach einiger Zeit sah man ihnen die rauen Einsatzbedingungen und die improvisierten Reparaturen an. (Foto: Vladimir Cettl)

Der ansonsten dem Skoda-Bustyp 706 RTO-CAR entsprechende Linienbus verfügte als Jelcz-Typ 043 über eine zweite Fahrgasttür am Heck. (Foto: Eberhard Kittler)

Jelcz 043 / 043E	
Hersteller:	JZS Jelcz (Aufbau), Skoda-LIAZ Mnichovo Hradiste
Bezeichnung:	Jelcz 043 / 043E
Bauart:	Linienbus
Bauzeit:	1959 - 1985
Motor:	Skoda 706 RT 6-Zylinder-R-Dieselmotor, wassergekühlt
Hubraum:	11.781 cm³
Leistung:	118 kW (160 PS) bei 1.900 U/min
Getriebe:	5 + 1 Gänge
L x B x H:	10.800 x 2.500 x 2.980 mm
Radstand:	5.450 mm
Leermasse:	8.700 kg
Platzangebot:	42 Sitzplätze
Bereifung:	11,00 x 20
Höchstgeschw.:	70 km/h
Bemerkung:	Exportvariante 043E u.a. mit geänderten Fenstern.

bezogen. Dies kam beiden Seiten entgegen, denn die Kapazität für die Herstellung von Busfahrgestellen des Typs RTOch im LIAZ-Werk Rynovice überstieg die Möglichkeiten der tschechischen Aufbauhersteller bei weitem. Von 1959 bis 1985 wurden Jelcz-Busse auf Skoda-LIAZ-Fahrgestellen montiert, und damit deutlich länger als die Originaltypen bei Karosa. Das Jelcz-Programm nutzte eigene Typnummern und umfasste hauptsächlich den Stadtlinienbus Jelcz 272, den eintürigen Vorortbus 041, den zweitürigen Linienbus 043 und den Reisebus 014, die weitgehend den tschechischen Originalen RTO-MEX, CAR und LUX entsprachen. Dazu kam ab 1967 der in Polen entwickelte Stadtliniengelenkbus Jelcz 021, von dem insgesamt 3.362 Stück gebaut wurden. Dieser Bus wich aber in vielen Details von der Karosa-Entwicklung Skoda RTO-K ab.

Jelcz und der tschechische Betrieb SVA Holysov montierten 1974 und 1975 auch 603 Linienbusse auf Skoda-LIAZ-Fahrgestellen des Typs MTO 1Rch, die mit stärkeren Motoren aus der MT-Baureihe und mit Raba-Hinterachsen ausgerüstet waren.

Unter Nutzung von Karosserieelementen der Karosa-RTO-Bustypen baute Jelcz auch selbst entwickelte Anhänger für Vorortbusse (Typ P 01) sowie für Vorort- und Stadtlinienbusse (Typ 046).

Optisch waren die Jelcz-Busse von den tschechischen Originaltypen kaum zu unterscheiden. Beide Ausführungen trugen ein kleines Skoda-Emblem an der Front. Ein bekanntes Unterscheidungsmerkmal waren neben Schriftzügen am Kühlergrill die verwendeten Scheinwerfer. Bei den tschechischen Bussen und bei frühen Jelcz-Aufbauten stammten sie aus westlichen Importen von Bosch oder Hella und waren bündig zur abgerundeten Front montiert. Dagegen baute Jelcz eine vorstehende Ausführung auf einem Blechsockel.

Die DDR hatte von 1957 bis 1971 aus der Tschechoslowakei genau 477 Stück Skoda-RTO-Busse importiert. Dazu kamen noch 29 RTO-Verkaufswagen von SVA Prag und 1963 einige RTOch-Fahrgestelle. Besonders in den 1960er Jahren waren die Liefermöglichkeiten der tschechischen Partner begrenzt. Die DDR importierte deshalb in den Jahren 1969 und 1970 insgesamt 600 Stück des polnischen Jelcz-Linienbusses Typ 043E sowie 60 Stück des Gelenkbusses Jelcz 021E. Damit übertraf die Jelcz-Importzahl sogar die der originalen, tschechischen RTO-Busse.

Die DDR-Zulassungsstatistik verzeichnete im September 1986 immerhin noch 275 RTO-Omnibusse, was die lange Nutzungszeit der Busse in der DDR und den Mangel an Ersatzinvestitionen verdeutlicht.

Deswegen erhielten die meisten Fahrzeuge umfangreiche Instandsetzungen oder grundlegende Überholungen. Dabei kamen auch Jelcz-Karosserieteile und der polnischen Bauart entsprechende aufgesetzte Frontscheinwerfer zum Einsatz.

Der Stadtlinienbus mit zwei Falttüren trug aus polnischer Fertigung die Bezeichnung Jelcz 272. (Foto: MH)

Während der Karosa-Gelenkbus nicht in Serie ging, fertigte Jelcz vom ähnlichen Baumuster Jelcz 021 über 3.300 Stück. (SlgMH)

Unter Nutzung der Form des RTO-Busses montierte Jelcz auch Omnibus-Anhänger. Die hier gezeigte Ausführung für Linienbusse des Typs P 01 wurde auch in die DDR und die CSSR geliefert. (Foto: ERWE)

Konsequent wurden die Linien von Front- und Heckpartie sowohl bei den Motorfahrzeugen als auch beim Anhänger durchgezeichnet. (Foto: ERWE)

Wie auch schon beim Skoda RO, dienten die Chassis der RTO-Busse nach Unfällen oder dem totalen Verschleiß der Originalkarosserie teilweise auch als Basis individueller Neuaufbauten durch verschiedene DDR-Karosserieaufirmen.

Skoda-LIAZ exportierte auch eine große Anzahl von Bus-Chassis des Typs 706 RTOch in verschiedene Länder für den Aufbau eigener Bus-Karosserien.

Eine Besonderheit war dabei ein Reisebus Skoda 706 RTO Nordkaros, der über elf Jahre beim Kraftverkehr Meißen im Einsatz war. In der DDR-Importstatistik für das Jahr 1960 ist der Kauf eines »Skoda-Busses mit dänischem Aufbau« verzeichnet. Das Fahrzeug war auf der Leipziger Messe ausgestellt worden und verblieb in der DDR.

Der Reisebus stammte von der Firma »Nordisk Karosserifabrik« in Svendborg und blieb ein Unikat.

In ganz anderen Dimensionen bewegten sich die Skoda-Fahrgestell-Exporte nach Bulgarien, wohin seit 1948 ca. 20.000 Chassis der Typen ROch und RTOch geliefert wurden. Der Aufbau-Hersteller Chavdar in Botevgrad bezog ab 1958 Busfahrgestelle des Typs Skoda 706 RTOch und baute darauf zunächst unter den Bezeichnungen Chavdar M6 / M65 / M66 modifizierte Skoda-RO-Aufbauten. Ab 1968 folgte auf demselben Chassis die neu gezeichnete Typenreihe M80 / M81 mit deutlich größeren Fensterflächen.

Im Jahr 1968 übernahm Chavdar von der Firma Kässbohrer eine Lizenz für Omnibusaufbauten. Als Basis diente die Busfamilie Setra S100 – S150. Die konstruktive Anpassung an das Skoda-Chassis 706 RTOch und der Bau der ersten Musterfahrzeuge erfolgten in Deutschland. In der Folge nahm Chavdar den Linien- und Reisebus Chavdar 11 M 3 und dem Stadtbus 11 G 5 ins Programm.

Auch nach Albanien und nach Nordkorea sind 706 RTOch-Fahrgestelle für den Aufbau einheimischer Busse geliefert worden.

Für die Leipziger Messe 1960 baute die dänische Nordisk Karosserifabrik einen Musterbus auf RTOch-Chassis, der danach in Meißen im Einsatz war. (Foto: VGM) →

Chavdar-Busse auf Skoda-Fahrgestellen			
Typ	Bauform	Fertigung	Bemerkungen
Skoda 706 RO	Stadtbus	1948 - 1958	Chassis Skoda 706 ROch, bulgarischer Aufbau nach tschechischem Muster
M6 / M65 / M66	Stadtbus, Linienbus	1958 - 1967	Chassis Skoda 706 RTOch, eigener Aufbau
M80 / M81	Stadtbus, Linienbus	1968 - 1974	Chassis Skoda 706 RTOch, eigener Aufbau
11G 5	Stadtbus	1974 - 1990	Chassis Skoda 706 RTOch, Aufbau Lizenz Kässbohrer
11 M 3	Linienbus, Reisebus	1974 - 1990	Chassis Skoda 706 RTOch, Aufbau Lizenz Kässbohrer

Unter Nutzung von Skoda-MT-Motoren, Raba Hinterachsen und Scheibenrädern entstand das Skoda-Fahrgestell des Typs MTO 1Rch, das ab 1974 auch bei Linienbussen des Typs 043 zum Einsatz kam. Diese Busse wurden zusammen mit Anhagern P 01 auch in die CSSR geliefert. Hier zu sehen 1983 im mährischen Koprivnice. (Foto: MDü)

Chavdar M 66 mit tschechischem Karosa B 40-Anhänger. (Foto: Bohdan Turzanski)

Ein von Chavdar ab 1968 auf Skoda-Chassis 706 RTOch gebauter Linienbus Typ M80 ebenfalls mit einem tschechischen Anhänger B40. (Foto: SlgTB)

Ein bei der Firma Kässbohrer gebautes Musterfahrzeug des Chavdar-Stadtbusses 11 G 5. (Foto: SlgTB)

Ein Chavdar-Linienbus 11 M 3 auf Skoda-Chassis mit Lizenz-Kässbohrer-Aufbau im Einsatz bei der bulgarischen Armee als mobiles Blutspendezentrum. (Foto: Ivan Ivanov / CC BY-SA 2.5)

Ab 1987 wurden von Karosa auch Gelenkbusse C 744 angeboten.

Wie schon beim selbsttragenden S 11 wurden auch Bodengruppen und Bus-Frontteile der Baureihe 700 für Möbeltransporter genutzt. Die Aufbauten erfolgten durch CSAO- und CSAD-Betriebe meist durch den Umbau gebrauchter Busse. aber auch auf neuen Bodengruppen,

Besonders zum Ende der 1980er Jahre bot LIAZ seine Aggregate und Bus-Bodengruppen auch anderen Busherstellern an. So entstanden interessante Konstruktionen, wie 1988 der TAZ Dubrava und 1989 der Karosa-Ikarus 366.

Karosa C 734.20	
Hersteller:	Karosa n.p. Vysoké Mýto
Bezeichnung:	Karosa C 734.20
Bauart:	Linienbus
Bauzeit:	1986 - 1988
Motor:	LIAZ M 1.2A ML 636 6-Zylinder-R-Dieselmotor, ATL, wassergekühlt
Hubraum:	11.940 cm³
Leistung:	152 kW (207 PS) bei 2.000 U/min
Getriebe:	5 + 1 Gänge
L x B x H:	11.080 x 2.500 x 3.050 mm
Radstand:	5.600 mm
Leermasse:	9.700 kg
Platzangebot:	46 Sitzplätze, 27 Stehplätze
Bereifung:	10,00 - 20 16 PR oder 11 R 22,5 16 PR
Höchstgeschw.:	110 km/h
Bemerkung:	Einfach untersetzte Raba-Hinterachse

Besonders weit verbreitet beim staatlichen Kraftverkehr CSAD war die Linienausführung SL 11. (Foto: MH)

Ein Einzelstück in der DDR blieb dieser SL 11 in Reiseausführung. (Foto: MDü)

Mit etwa 2.800 Bussen war der Anteil des Luxus-Reisebusses SD 11 Lux vergleichsweise gering an der Gesamtproduktion.

Der als Universaltransporter bezeichnete Typ SL 11 UP entstand durch Umbau einer SL11-Ausführung.

Staatliche Autoreparaturbetriebe CSAO montierten solche Möbelwagen auf der Bodengruppe und mit dem Frontteil von S11-Bussen. (Foto: SlgERWE)

Heckansicht des ab 1981 gebauten Linienbusses Karosa C 734. (Foto: MDü)

Der Stadtlinienbus B 731 mit einem im Heck liegend eingebauten LIAZ-Motor ML 635 und drei Doppel-Falttüren war in vielen tschechoslowakischen Städten im Einsatz. (Foto: MDü)

Zur Baureihe Karosa 700 gehörte auch der ab 1982 gebaute Fernreisebus LC 735.

Auf der Messe in Brünn 1989 präsentierte der Kraftverkehrsbetrieb CSAD Brno den Möbelwagen C 734 S auf der Basis des Karosa-Busses C 743. (Fotos: MDü)

Jugoslawischer Reisebus TAZ Dubrava 1425 V-T-R mit LIAZ-Aggregaten, vorgestellt 1988. (Foto: MDü)

Aus der Kombination eines Ikarus-300-Aufbaus und einer LIAZ-Karosa-Bodengruppe entstand der Ikarus 366, der zur Messe 1989 in Brünn gezeigt wurde. (Foto: MDü)

Busse von Karosa und Skoda-LIAZ nach 1990

Karosa war inzwischen privatisiert worden und aus dem LIAZ-Verbund wieder ausgeschieden. Die Nutzungsrechte an der Marke Skoda waren für LIAZ bereits 1984 ausgelaufen. Nach 1990 ging auch der Absatz von Karosa zunächst spürbar zurück. Man bemühte sich auf traditionellen Märkten, wie in Ostdeutschland wieder Fuß zu fassen. Im Angebot war u.a. der Reisebus LC 736 mit 189-kW-LIAZ-Motor ML 637 und achtstufigem Praga-Getriebe. Qualitätsprobleme, mangelnder Service und die deutliche westliche Konkurrenz hielten den Absatz jedoch in bescheidenen Grenzen.

Karosa brauchte einen starken und erfahrenen Partner. Renault V.I. übernahm 1993 zunächst 34 Prozent der Firmenanteile und 1996 die Aktienmehrheit. Nach der Privatisierung bemühte sich Karosa um die schnelle Modernisierung der in die Jahre gekommenen Modelle. Ergebnis war die Baureihe 900, die noch auf den 700er-Vorgängern basierte, aber deutlich überarbeitet war. Dazu gehörten die Modifizierung von Bodengruppen und Aufbauten sowie der Einbau von Renault-Motoren und westlichen Getrieben. Die tschechischen LIAZ-Motoren und Praga-Getriebe blieben für einige Stadtbus-Modelle im Programm.

Im Jahr 1995 begann auch die Montage der Karosa-Renault City-Busse nach französischem Vorbild.

Unter der Bezeichnung »900 E« (E = Evolution) brachte Karosa in Anpassung an europäische Vorschriften ab 1999 eine letztmalige Modernisierung der Baureihe. Dabei wurde auch der Wagenboden abgesenkt. Ab 2001 kamen bei den 900er Typen zunehmend Iveco-Motoren zum Einbau, bevor 2007 die Baureihe eingestellt wurde. Bis dahin waren in Vysoke Myto ab 1981 insgesamt 50.237 Busse der Typen 700 und 900 gebaut worden.

Durch den Zusammenschluss der Bus-Aktivitäten von Renault V.I. und Iveco war das Karosa-Werk ab 1999 zur Irisbus-Holding und letztlich ab 2003 zu Iveco gekommen. Seit 2007 firmiert der Betrieb als Iveco Czech

Der Schub-Gelenkbus Karosa C 943 ergänzte ab 1998 das Angebot und verfügte über den Euro-II-LIAZ-Motor ML 636 E und ein ZF-Getriebe mit hydraulischem Wandler. (Foto: MDü)

Der Reisenbus LC 956 E gehörte ab 1999 zur letzten Entwicklungsstufe der Karosa-Busse. Der Anteil der Skoda-LIAZ-Zulieferungen ging dabei schon deutlich zurück. (Foto: MDü)

Republic a.s. und montiert nun jährlich etwa 3.000 Omnibusse, hauptsächlich der Crossway-Familie.

Nachdem die Skoda AG in Pilsen 1995 das Unternehmen LIAZ übernommen hatte, wurden auch die dort neben den Lastwagen noch gebauten Bus-Bodengruppen wieder unter dem Namen Skoda-LIAZ bzw. Skoda vermarktet. Allerdings waren die Fertigungszahlen gering.

Für den Export nach Vietnam wurden 1997 drei Busse auf dem Skoda-LIAZ- Fahrgestell 18.25 OB mit Frontmotor M1.2C M637 (Euro 0) und einer aus Elementen der Karosa-700-Reihe bestehenden einfachen Karosserie fertiggestellt.

Im Jahr 1997 präsentierte das Unternehmen CSAD Bus aus Usti nad Labem einen Stadtbus mit Erdgasantrieb. Die Bodengruppe Skoda-LIAZ 18.24 OB/01 kam vom Werk in Mnichovo Hradiste. Die Karosserie bestand aus Aluminium und stammte von der finnischen Firma Lahden Autokori OY. Die Endmontage der Busse erfolgte bei CSAD Bus in Usti nad Labem. Neben dem Stadtbus standen auch zwei Linienbusvarianten im Angebot sowie eine alternative Ausführung mit Dieselmotor. Insgesamt sind nur vier Busse montiert worden.

Vorstellung des Busses CSAD-Lathi mit Erdgasantrieb auf einem Skoda-LIAZ-Fahrgestell 18.24 OB auf der Messe in Brünn 1997. (Foto: MDü)

Skoda-Busse aus Pilsen und Ostrov

(Foto: ERWE)

Busbhf.
E Blasewitz
19
BAR LP 19

Oberleitungsbusse 1947 bis 1989

Vor 1945 waren bei Skoda Pilsen drei Obustypen entstanden. Erster war der 1936 für Prag gebaute Skoda 1 Tr, dem 1938 fünf Exemplare des 2 Tr ebenfalls für Prag folgten. Zwischen 1941 und 1943 lieferte Skoda an den Verkehrsbetrieb in Pilsen noch 10 Busse der Bauform Skoda 553 - Typ 3 Tr. Alle drei Typen waren dreiachsig und in Rahmenbauweise mit Mittelträger ausgeführt.

Nach der Nationalisierung und Aufteilung des Skoda-Konzerns gehörten Nutzfahrzeuge nicht mehr zum Profil des Werkes in Pilsen – mit einer Ausnahme, den Oberleitungsbussen. Deren Fertigung begann wieder 1947, als nochmals 24 Obusse des Typs 3 Tr für Pilsen aufgelegt wurden.

Der Dreiachser 3 Tr wurde 1941-1943 und 1947 an den Nahverkehrsbetrieb in Pilsen geliefert.

Skoda-Obusse 1936 bis 1989

Typ	Radformel	Baujahr	Motor	Leistung (kW)	Plätze ges.	Federung VA / HA	Bemerkung
1 Tr	6 x 4	1936	2 Reihenschluss-motoren	66	72	Schraubenfeder / Blattfeder	Einzelstück für Prag auf Skoda-Lkw-Chassis
2 Tr	6 x 4	1938	Doppelschluss-motor	2 x 45	74		5 Stück gebaut für Prag
3 Tr	6 x 4	1941-1943 / 1947		2 x 45	80		34 Stück für Pilsen
6 Tr	4 x 2	1949	Reihenschluss-motor	96	80		selbsttragend, 16 Stück für Brno und Pilsen
7 Tr	4 x 2	1951 - 1954		96	80	Blattfeder / Blattfeder	166 Stück für CSSR, 7 Stück für Polen
8 Tr	4 x 2	1955 - 1961		110	86		742 Stück in 12 Serien
9 Tr	4 x 2	1961 - 1982		115	100		7.439 Stück in 29 Serien
11 Tr (T 11)	4 x 2	1964 - 1967		120	100	Luftfeder / Luftfeder	nur Nullserie - 8 Stück
14 Tr	4 x 2	1982 - 1999		100	104		3.265 Stück
S 200 Tr Sanos	6 x 4	1982 - 1987	2 Reihenschluss-motoren	2 x 100	44 Sitzpl.		Koop. mit Sanos (YU)
15 Tr	6 x 4	1983 - 1997		2 x 100	145		469 Stück

Skoda 9 Tr	
Hersteller:	Skoda Pilsen, Werk Ostrov nad Ohri
Bezeichnung:	Skoda 9 Tr
Bauart:	Oberleitungsbus
Bauzeit:	1961 - 1982
Motor:	Skoda-Elektromotor 3 AL 2943 rN (600 V)
Leistung:	115 kW bei 3.280 U/min
Fahrschaltung:	11 Fahrstufen, 3 Bremsstufen
L x B x H:	11.000 x 2.500 x 3.240 mm
Radstand:	5.400 mm
Leermasse:	8.990 kg
Platzangebot:	23 Sitzplätze, 47 Stehplätze (Standardausführung)
Bereifung:	11.00 - 20
Höchstgeschw.:	60 km/h
Bemerkung:	Auch mit zwei Seitentüren für Export.

Die Obusse Skoda 6 Tr waren bis auf einen nur in Brünn im Einsatz. Ein Exemplar ist dort gut erhalten. (Foto: MH)→

Dieser Skoda 8 Tr des Baujahres 1960 gehört zur Sammlung der Prager Verkehrsbetriebe. (Foto: MDü)↓

7 Tr 4 R.V. 1954
ZVIL N.P. PLZEŇ ZÁVOD DOUDLEVCE
T1
2
31

Der Typ 9 Tr war der meistgebaute Skoda-Obus überhaupt. Dieses Exemplar gehört dem Technischen Museum Brünn. (Foto: MH)

Bei diesem ebenfalls in Brünn noch vorhandenen Obus 7 Tr sieht man einen Stern als Markenzeichen anstelle des Skoda-Symbols, da der Betrieb zum Anfang der 1950er Jahre den Namen Lenins trug. (Foto: MH)←

Ein Skoda 9 Tr in der zweitürigen Ausführung für die Sowjetunion, aufgenommen 1983 in Czernovzy in der Westukraine. (Foto: MDü)

Im Jahr 1993 waren die Skoda-O-Busse, die in der litauischen Hauptstadt Vilinius noch zahlreich im Einsatz waren, schon stark vom harten Betriebsleben gezeichnet. Der Geruch im inneren erinnerte stark an schmorende Sicherungskästen, aber kaum jemand störte sich daran. (Foto: ERWE)

Als ersten zweiachsigen Obus in selbsttragender Bauweise montierte Skoda 1949 den Typ 6 Tr, von dem 15 Stück nach Brünn und ein Bus nach Pilsen geliefert wurden.

Vom Nachfolger 7 Tr wurden von 1951 bis 1954 insgesamt 173 Obusse gebaut, wovon erstmals 7 Stück nach Polen exportiert wurden.

Zum Anfang der 1950er Jahre trugen die Skoda-Werke Pilsen eine Zeit lang einen Stern als Markenzeichen und den Namen »ZVIL«, was übersetzt »Werk Wladimir Iljitsch Lenin« bedeutete.

Mit dem Ausbau der Obusnetze in 15 tschechoslowakischen Städten stieg der Bedarf nach Fahrzeugen deutlich an und Skoda erweiterte seine Fertigungskapazitäten.

Von dem 1955 vorgestellten Typ 8 Tr baute man bis 1961 insgesamt 742 Einheiten, von dem auch ein großer Anteil exportiert wurde. Bis 1958 fand die Montage allein im Werk Plzen-Doudlevce statt. Danach wurde die Produktion per Regierungsdekret bis 1960 in das neue Werk Ostrov nad Ohrí verlegt. Die Wahl dieses Standortes im Erzgebirge nördlich von Karlsbad war wesentlich in der Schaffung neuer Arbeitsplätze begründet, um die rückläufige Bergbautätigkeit in dieser Region auszugleichen.

In Ostrov nad Ohri begann 1961 die Montage des Obus 9 Tr, des meist gebauten Skoda-Obusses überhaupt. In mehr als 20 Jahren entstanden dort 7.439 Einheiten in verschiedenen Ausführungen, wie 9Tr T, 9TrH und 9TrHT.

Neben 877 Fahrzeugen für das Inland ging der überwiegende Teil in den Export. Hauptabnehmer waren die Sowjetunion, die fast 5.200 Busse bezog, und die anderen Ostblockländer. Aber auch in China, Norwegen, Indien und Afghanistan waren die robusten 9 Tr anzutreffen. In der DDR wurden die 9 Tr teilweise auch mit Anhängern betrieben. Bestimmende Merkmale diese

Aus Entwicklungen zu vereinheitlichten Aufbauten für Stadtbusse von Karosa und Skoda Ostrov stammte der T 11 / 11 Tr, von dem aber nur 8 Stück gebaut wurden. (Foto: MH)

Busses waren der selbstragender Aufbau, Starrachsen an Blattfedern vorn und hinten und der unterflur zwischen den Achsen eingebaute Motor.

Eine Sonderstellung unter den Skoda-Obussen nahm der Typ T 11 ein. Der Busaufbau stammt von Karosa-Typ SM 11, die Elektrik und Ausrüstung kamen von Skoda Ostrov. Insgesamt entstanden ein Funktionsmuster (1964), ein Prototyp (1965) sowie sechs Busse einer Vorserie im Jahr 1967. Davon wurde ein Bus zu Tests in Kiew und auf der Krim eingesetzt. T-11-Obusse liefen auch in Brünn und bis 1980 in Pilsen. Durch die Auslastung der Kapazität bei Karosa wurde das Projekt der Vereinheitlichung von Aufbauten bei Omnibussen und Obussen aufgegeben und Skoda Ostrov konzentrierte sich auf die Entwicklung des 14 Tr mit eigenem Aufbau.

Bereits 1972 war das erste Funktionsmuster des Obus 14 Tr als Nachfolger des 9 Tr entstanden. Nach erheblichen Schwierigkeiten lief die Serienfertigung erst 1981 an und man konnte nun den 9 Tr ersetzen, von dem sich der 14 Tr durch den modernen, glattflächigen Aufbau unterschied. Dazu kam eine einfache und widerstandsfähige elektrische Ausrüstung mit Thyristorsteuerung sowie Luftfederung und Raba-Hinterachsen.

Während seiner Fertigung von insgesamt 3.265 Stück erfuhr der 14 Tr viele Konstruktionsänderungen. Einzelne Produktionsserien unterschieden sich hinsichtlich der Ausstattung und bei den eingesetzten Aggregaten. Auch wurde den Wünschen von Exportkunden entsprochen.

Um Busse mit noch größeren Fahrgastzahlen anbieten zu können, orientierte Skoda zum Anfang der 1980er Jahre auch auf Gelenk-Obusse. Im Rahmen der Kooperation zwischen Skoda Ostrov und der jugoslawischen Firma FAS Sanos aus Skopje entstand 1982 der dreiachsige Typ Skoda-Sanos S 200 Tr.

Das Fahrgestell und die Karosserie stammen von einem angepassten FAS Sanos 200. Die pneumatischen und hydraulischen Aggregate, die Fahrmotoren und die

Noch viele Jahre nach dem Ende der Sowjetunion waren Obusse des Typs 14 Tr in ehemaligen Teilrepubliken zu sehen - hier 2015 in der estnischen Hauptstadt Tallin. (Foto: MDü)

Skoda 14 Tr	
Hersteller:	Skoda Pilsen, Werk Ostrov
Bezeichnung:	Skoda 14 Tr
Bauart:	Oberleitungsbus
Bauzeit:	1981 - 1999
Motor:	Skoda-Elektromotor 6 AI 2943 rN (600 V)
Leistung:	100 kW bei 1.520 U/min (Dauerleistung)
L x B x H:	11.340 x 2.500 x 3.410 mm
Radstand:	5.420 mm
Leermasse:	10.220 kg
Platzangebot:	24 Sitzplätze, 79 Stehplätze (Ausführung DDR)
Bereifung:	10,00 - 20
Höchstgeschw.:	65 km/h
Bemerkung:	Für Export in die Sowjetunion auch 2 Seitentüren.

elektrischer Ausrüstung mit der Thyristorsteuerung kamen von Skoda. Zwischen 1982 und 1987 wurden insgesamt 77 Gelenkobusse vom Typ Škoda-Sanos S 200 Tr gebaut, davon zwei Prototypen.

Der größte Betreiber mit 29 dieser Obusse war die Verkehrsgesellschaft der damaligen Stadt Gottwaldov, die später wieder Zlin hieß. Außerdem wurden 1985 zwanzig Wagen nach Bratislava geliefert.

Nach dem Kooperationstyp S 200 Tr war der Skoda 15 Tr ab 1983 der erste eigene Gelenk-Obus aus dem Werk Ostrov. Er glich konzeptionell dem Solobus Typ 14 Tr, verfügte allerdings über zwei Thyristor-gesteuerte Fahrmotoren, die jeweils die mittlere und hintere Achse antrieben. Sowohl die vordere Starrachse, die mit einer Monoblocklenkung von Technometra oder Csepel bestückt war, als auch die beiden Raba-Antriebsachsen waren luftgefedert. Durch die beiden Triebachsen konnten auch Steigungsstrecken gut bedient werden. Vom Typ 15 Tr sind insgesamt 469 Stück gebaut worden. Die Busse liefen besonders in der Tschechoslowakei, aber auch im Baltikum und sogar im Iran.

Skoda 15 Tr	
Hersteller:	Skoda Pilsen, Werk Ostrov
Bezeichnung:	Skoda 15 Tr
Bauart:	Gelenk-Oberleitungsbus
Bauzeit:	1983 - 1997
Motor:	2 x Skoda-Elektromotor 6 AI 2943 rN (600 V)
Leistung:	2 x 100 kW bei 1.520 U/min (Dauerleistung)
L x B x H:	17.360 x 2.500 x 3.410 mm
Radstand:	5.420 + 6.060 mm
Leermasse:	15.900 kg
Platzangebot:	44 Sitzplätze, 106 Stehplätze
Bereifung:	10,00 - 20
Höchstgeschw.:	65 km/h

Zwei Exemplare der nach Gottwaldov (heute Zlin) gelieferten Gelenk-Obusse des Typs Skoda-Sanos S 200 Tr. (Foto: MH)

Usti nad Labem (Aussig) war die erste tschechische Stadt, die Gelenk-Obusse vom Typ Skoda 15 Tr einsetzte. (Foto: MDü)

Skoda-Busse ab 1990

Nach dem Jahr 1989 begann für den Skoda-Konzern eine Zeit des Übergangs von einem staatlichen Unternehmen zu einer Aktiengesellschaft. Damit verbunden war nicht nur die Optimierung des Fertigungsprogramms, sondern auch die Suche nach neuen Märkten, abseits der bis dahin sicheren RGW/Comecon-Absatzgebiete.

Das Unternehmen firmierte künftig als Skoda Transportation und erweiterte das klassische Produktionsprogramm, die Fertigung von Schienenfahrzeugen, auf weitere Gebiete des öffentlichen Personennahverkehrs.

Die Obusfertigung als klassisches Kompetenzgebiet wurde zunächst mit den Typen 14 Tr und 15 Tr fortgeführt. Seit dem Jahr 1995 lieferte Skoda serienmäßig modernisierte Ausführungen dieser Fahrzeuge unter den Bezeichnungen 14 TrM und 15 TrM. Optische Merkmale waren geänderte Front- und Heckpartien, u.a. zur Aufnahme elektronischer Anzeigesysteme. Auch die Innenräume wurden überarbeitet. Neben der Thyristorsteuerung konnte auch eine Microcomputer-gestützte Anlage mit Bremsstrom-Rückführung geordert werden, ebenso wie 750-V-Fahrmotoren.

Da nicht genügend Neufahrzeuge geliefert werden konnten, modernisierten mehrere Verkehrsunternehmen, wie in Pilsen und Ostrava, ältere 14-Tr- und 15-Tr-Obusse. Der Umfang der Maßnahmen war sehr unterschiedlich. Es wurden Achsen und Aufbauten erneuert, es gab neue Sitze, neue Bodenbeläge, Innenbeleuchtungen und einen renovierten Arbeitsplatz für den Fahrer. Einige solche Fahrzeuge wurden als 14 TrR bzw. 15 TrR bezeichnet, was allerdings kein offizieller Skoda-Werkscode war.

Seit 1995 lieferte Skoda Ostrov den Solo-Obus unter der Bezeichnung 14 TrM mit verschiedenen Verbesserungen. Hier ein fast neues Fahrzeug, aufgenommen in Brünn 1996. (Foto: MDü)

Vom Gelenk-Obus Skoda 15 TrM war eine größere Anzahl in Usti nad Labem im Einsatz. Gut zu erkennen die einteiligen Front- und Heckscheiben und die modernen Fahrzielanzeigen. (Foto: MDü)

Seit der Mitte der 1990er Jahre lieferte Skoda gemeinsam mit nordamerikanischen Partnern 330 Obusse in die USA. Insgesamt wurden 57 Obusse des Typs 14 TrE nach Dayton, Ohio und 273 Obusse 15 TrSF nach San Francisco verkauft. Dazu kam die Modernisierung von 32 Obussen des Typs Neoplan AN 460 LF in Boston.

Das USA-Geschäft begann 1994 mit dem Vertrag über 57 Fahrzeuge auf der Basis des Skoda 14 Tr. Als Lieferant fungierte die Electric Transit Incorporated (ETI), eine Tochtergesellschaft von Skoda Pilsen und AAI aus Baltimore, Maryland, USA.

Die Busse mussten für den Betrieb auf amerikanischen Straßen angepasst werden, was eine Reihe von konstruktiven Änderungen erforderte.

Die ersten drei Prototypen wurden 1995 unter Beteiligung tschechischer und amerikanischer Spezialisten noch komplett im Skoda-Werk in Ostrov montiert. Die Zulassungsarbeiten dauerten ein Jahr, bis im Januar 1997 die Freigabe für den amerikanischen Markt erfolgte. Von nun an wurden die Busse entsprechend den amerikanischen Bestimmungen arbeitsteilig montiert. Vom Skoda-Werk Ostrov kamen die Fahrzeuge mit komplettem Rahmen, Achsen und Karosseriegerüst in die USA. Dort erfolgte bei der Firma AAI in Hunt Valley,

Skoda-Obusse seit 1990

Typ	Bauart	Busbasistyp	Länge (m)	Fertigung seit	Bemerkung
Skoda 14 TrM	Solobus	Skoda Ostrov Eigenentwicklung	11,3	1995	Modernisierung des 14 Tr
Skoda 15 TrM	Gelenkbus		17,7	1995	Modernisierung des 15 Tr
Skoda 14 TrE	Solobus		11,4	1995	Ausführung für die USA
Skoda 15 TrSF	Gelenkbus		17,8	1998	Ausführung für die USA
Skoda 21 Tr	Solobus		11,6	1994	Niederflurbus
Skoda 22 Tr	Gelenkbus		17,9	2002	Niederflurbus
Skoda 24 Tr Irisbus	Solobus	Karosa CityBus / Renault Agora / Irisbus Citelis	12,0	2003	
Skoda 25 Tr Irisbus	Gelenkbus	Irisbus Citelis	17,9	2004	
Skoda 26 Tr Solaris	Solobus	Solaris Urbino 12	12,0	2009	
Skoda 27 Tr Solaris	Gelenkbus	Solaris Urbino 18	18,0	2009	Bezeichnung auch Skoda T'City 18
Skoda 28 Tr Solaris	Solobus, Dreiachser	Solaris Urbino 15	14,6	2008	
Skoda 30 Tr SOR	Solobus	SOR NB 12	12,2	2010	Bezeichnung auch SOR City TNB 12
Skoda 31 Tr SOR	Gelenkbus	SOR NB 18	18,8	2010	Bezeichnung auch SOR City TNB 18
Skoda 32 Tr SOR	Solobus	SOR NS 12	12,0	2018	
Skoda 33 Tr SOR	Gelenkbus	SOR NS 18	18,8	2019	
Skoda 35 Tr Iveco	Gelenkbus	Iveco Urbanway	18,6	2018	Prototyp
Skoda 36 Tr	Solobus	Temsa	12,0	2021	Bezeichnung auch Skoda T'City 12

Ein ETI-Skoda 14 TrE im Einsatz in Dayton/USA. (Foto: Steve Morgan / CC BY-SA 3.0)

Die Formgestaltung des Skoda 21 Tr stammte von Patrik Kotas und zeichnete sich durch klare Linienführung und große Fensterflächen aus. (Foto: MH)

Skoda 21 Tr / 22 Tr	
Hersteller:	Skoda Ostrov s.r.o.
Bezeichnung:	Skoda 21 Tr (Skoda 22 Tr)
Bauart:	Oberleitungsbus (Gelenk-Oberleitungsbus)
Bauzeit:	1994-2004 (2002-2004)
Motor:	Elektromotor Skoda 600 V (22 Tr: 2 Stück)
Leistung:	140 kW bei 1.700 U/min (22 Tr: 2 x 140 kW)
L x B x H:	11.560 (17.870) x 2.500 x 3.364 mm
Radstand:	5.700 mm (5.700 + 6.310 mm)
Leermasse:	11.000 kg (17.000 kg)
Platzangebot:	27 (40) Sitzplätze, 58 (75) Stehplätze
Bereifung:	11/70 R 22,5
Höchstgeschw.:	70 km/h
Bemerkung:	War auch mit 750-V-Fahrmotor lieferbar (150 kW).

einem Vorort von Baltimore, die Außenbeplankung der Karosserie und durch die Werkstatt des Verkehrsbetriebes in Dayton die Montage der elektrischen Ausrüstung. Die Elektromotoren, Elektronik und andere Einzelteilen kamen in Containern aus dem Skoda-Werk.

Die »amerikanischen« Obusse Skoda 14 TrE und 15 TrSF unterschieden sich in der Optik von den tschechischen Ausführungen besonders durch die modifizierten Front- und Heckpartien. Die Karosserie wurde auf 2580 mm verbreitert.

Nach dem Auftrag für Dayton kam bereits 1997 die nächste Order zur Lieferung von Solo- und Gelenk-Obussen für San Francisco ab 1998.

Ein deutlicher Schritt zur Modernisierung des Skoda-Obusangebots waren die Typen 21 Tr / 22 Tr. Als ersten selbsttragenden Niederflur-Obus brachte Skoda Ostrov 1994 den Typ 21 Tr, dem erst nach langer Entwicklungszeit 2002 die Gelenkbus-Ausführung 22 Tr mit zwei Skoda-Fahrmotoren folgte. Leichte Laminat-Stromabnehmer gehörten zur Ausstattung. Die Obusse wurden mit Zweikreis-Druckluftbremse, elektrodynamischer Rekuperierungsbremse, Federspeicherbremse und halbautomatischer Stationsbremse ausgestattet. Ab 1997 gab es den Typ 21 TrAC mit einem neuen Asynchronmotor und 1999 folgte der 21 TrACI mit zusätzlichem Hilfsdiesel. Dessen Einbau erhöhte zwar das Gewicht, erlaubte aber die Traktion ohne Verbindung zur Oberleitung, was besonders bei Verkehrsstörungen von Vorteil war.

Die Fertigung der beiden Typen lief bis zur Schließung des Werkes in Ostrov im Jahr 2004 und umfasste 162 Stück des 21 Tr. Vom 22 Tr konnten lediglich 13 Einheiten abgesetzt werden.

Als ersten Gelenkobus in Niederflur-Bauart lieferte Skoda den Typ 22 Tr von 2002 bis 2004. Im Einsatz waren die Fahrzeuge u.a. in Brünn und Aussig. (Foto: MDü)

Skoda Ostrov versuchte, seine Angebotspalette weiter auszubauen und nahm 1995 neben den Obussen auch einen Stadtlinienbus mit Verbrennungsmotor ins Programm. Unter Nutzung des Niederflur-Aufbaus vom Obus 21 Tr entstanden bis 2001 insgesamt 37 Busse mit Dieselantrieb, bezeichnet als Skoda 21 Ab.

Die Motoren stammten meist von MAN, einige auch von DAF. Die dreistufigen Automatikgetriebe mit integriertem Retarder lieferte Voith. Eine ABS-Bremse war Serie. Die Ausstattung des Wagenkastens entsprach weitgehend dem Obustyp. Noch vor der Schließung des Werkes Ostrov endete die Fertigung wegen der zu geringen Nachfrage. Dabei spielte auch die starke Konkurrenz im eigenen Land durch den Karosa-Renault Citybus eine wesentliche Rolle.

Der Rückgang des Busabsatzes führte 2004 zur Schließung des Werkes in Ostrov. Nur ein Konstruktionsbüro blieb dort erhalten. Die Obus-Fertigung wurde bei Skoda Electric in Pilsen konzentriert, einem Konzernbetrieb von Skoda Transportation.

Von nun an verzichtete das Unternehmen auf die Fertigung von eigenen Busaufbauten und spezialisierte sich auf die elektrische Ausrüstung und deren Montage in angelieferten Bodengruppen und Wagenkästen. Diese kamen zunächst von Irisbus, später von Solaris, SOR und Iveco sowie seit 2021 auch von Temsa.

Die ersten Fahrzeuge, die auf diese Weise von Skoda fertiggestellt und unter eigenen Typ-Bezeichnungen vertrieben wurden, waren der Obus Skoda 24 Tr Irisbus

Der Diesel-getriebene Stadtlinienbus Skoda 21 Ab wurde auch zur IAA 1996 und zur Messe in Brünn 1997 angeboten, der Absatz hielt sich aber in Grenzen. (Foto: MDü)

Skoda 21 Ab	
Hersteller:	Skoda Ostrov s.r.o.
Bezeichnung:	Skoda 21 Ab
Bauart:	Stadtlinienbus
Bauzeit:	1995-2001
Motor:	MAN D0826 LOH (Euro 2) oder DAF-Motor
	6-Zylinder-R-Dieselmotor, wassergekühlt; ATL
Hubraum:	6.876 cm³ (DAF: 9.186 cm³)
Leistung:	160 kW (217 PS) - DAF: 183 kW (249 PS)
L x B x H:	11.560 x 2.500 x 2.823 mm
Radstand:	5.700 mm
Leermasse:	9.600 kg
Platzangebot:	26 Sitzplätze, 65 Stehplätze
Bereifung:	11/70 R x 22,5
Höchstgeschw.:	76 km/h

und der Gelenkbus Skoda 25 Tr Irisbus. Dabei dienten anfangs Karosa Citybus (Renault Agora) und ab 2006 Irisbus Citelis als Basis. Die Elektrik wurde, wie üblich, auf dem verstärkten Dach platziert. Auf Kundenwunsch konnte auch ein 100-kW-Generator für Diesel-elektrischen Antrieb installiert werden.

Der erste Skoda 24 Tr, gebaut unter Nutzung des Irisbus Agora, im Einsatz in Marienbad. (Foto: MDü)←

Skoda 25 Tr Irisbus	
Hersteller:	Skoda Electric Pilsen / Irisbus
Bezeichnung:	Skoda 25 Tr Irisbus
Bauart:	Gelenk-Oberleitungsbus
Bauzeit:	seit 2006
Motor:	Asynchron-Elektromotor Skoda 18ML 3550
Leistung:	240 kW
L x B x H:	17.900 x 2.500 x 3.460 mm
Radstand:	5.355 + 6.575 mm
Leermasse:	17.400 kg
Platzangebot:	40 Sitzplätze, 108 Stehplätze
Bereifung:	275/70 R 22,5
Höchstgeschw.:	65 km/h

Die zweite Bauform des Skoda 24 Tr unter Nutzung des Irisbus Citelis, deutlich zu erkennen an der erneuerten Frontpartie. (Foto: MDü) ←

Der Gelenk-Obus auf Basis des Irisbus Citelis trug die Bezeichnung Skoda 25 Tr. (Foto: MDü)↓

Baureihen 26 Tr / 27 Tr / 28 Tr Solaris

In Kooperation von Skoda Electric und der polnischen Firma Solaris werden seit 2008 / 2009 zwei- und dreiachsigen Obusse und Gelenkobusse unter den Bezeichnungen 26 Tr, 27 Tr und 28 Tr gefertigt. Diese basieren auf den Solaris-Typen Urbino 12, Urbino 18 und Urbino 15, seit 2017 auch mit den modernen Busaufbauten der Solaris-Generation IV.

Die Skoda-Fahrmotoren leisten je nach Typ zwischen 160 kW und 260 kW. Optional sind zusätzliche Diesel- oder Batterieantriebe lieferbar. Die Fahrzeuge sind bei vielen tschechischen Obusbetrieben im Einsatz, u.a. in Pilsen, Brünn, Pardubice und Usti nad Labem (Aussig).

Skoda 26 Tr Solaris, ein 12-Meter-Obus auf der Basis des Solaris Urbino 12. (Foto: MDü) →

Von 2009 bis 2016 nutzte Skoda Pilsen für den Obus 27 Tr die erste Aufbauform des Solaris Urbino 18. (Foto: MDü) ↑

Seit 2017 ist die IV. Generation des Urbino 18 die Basis für den Skoda 27 Tr, von dem bereits einige beim Verkehrsbetrieb Usti nad Labem im Einsatz sind. Für das Jahr 2023 hat das Unternehmen bereits weitere 33 Stück dieses Typs bestellt. (Foto: MDü)

In die Klasse der 15 Meter langen, dreiachsigen Stadtlinienbusse gehört der Obus 28 Tr Solaris. (Foto: MDü)

Skoda 27 Tr Solaris	
Hersteller:	Skoda Electric a.s. Pilsen / Solaris, Polen
Bezeichnung:	Skoda 27 Tr Solaris
Bauart:	Oberleitungsgelenkbus
Bauzeit:	2009-2016 / seit 2017 auf Basis Solaris Urbino 18 der IV. Generation
Motor:	Asynchron-Elektromotor Skoda
Leistung:	250 kW
L x B x H:	18.000 x 2.500 x 3.450 mm
Radstand:	5.130 + 6.770 mm
Leermasse:	16.750 kg
Platzangebot:	42 Sitzplätze, 89 Stehplätze
Bereifung:	275/70 R 22,5
Höchstgeschw.:	65 km/h
Bemerkung:	Luftfederung Seit 2021 auch Bezeichnung Skoda T'City 18.

Skoda-Obusse auf SOR-Basis

Bereits seit 2010 nutzte Skoda Electric auch die luftgefederten Niederflur-Stadtbusse NB 12 und NB 18 des tschechischen Herstellers SOR als Basis für den Obus Skoda 30 Tr SOR und den Gelenkobus Skoda 31 Tr SOR. Während im Solobus ein 160-kW-Skoda-Elektromotor zum Einsatz kommt, ist es beim Gelenkbus 31 Tr ein 250-kW-Aggregat. Ein 100-kW-Hilfsdiesel ist optional, wie auch zusätzliche Batterie-Unterstützung. Die Skoda-SOR-Obusse sind neben Tschechien (Brünn, Hradec Kralove) auch in verschiedenen slowakischen Städten im Einsatz, u.a. in Banska Bystrica, Bratislava, Presov und Zilina

Inzwischen fand bei SOR in Libchavy eine Erneuerung der Niederflur-Stadtbusse statt. Die neuen Modelle werden nun als NS 12 und NS 18 bezeichnet. Auch diese Fahrzeuge werden seit 2018 bzw. 2019 unter den Bezeichnungen 32 Tr SOR und 33 Tr SOR für Skoda-Obusse genutzt. Neben anderen Orten hat die Stadt Teplitz bereits einige Busse zur Verjüngung ihrer Flotte angeschafft.

Außer den dargestellten Typen lieferte Skoda Pilsen nach 1990 auch die elektrische Ausrüstung für den Einbau in Obusse verschiedener anderer Marken, wie Neoplan, Belkommunmasch, Breda Menarinibus, Ikarus und Mexican DINA.

Von den Skoda-Obussen auf SOR-Basis ist eine größere Anzahl in der Slowakei im Betrieb, hier ein 30 Tr SOR in Bratislava. (Foto: MH)

Im großen Obusnetz von Brünn sind auch Skoda-Busse des Typs 31 Tr SOR anzutreffen. (Foto: MH) ↓

Auf Basis des SOR-Niederflurbusses NS 12 entstehen seit 2018 die Busse des Typs 32 Tr, die u.a. im böhmischen Teplitz im Einsatz sind. (Foto: MDü

Ebenfalls in Teplitz sind inzwischen auch die Gelenkobusse 33 Tr SOR zu sehen. (Foto: MDü)

Neben Obussen werden von Skoda seit 2012 auch Elektrobusse mit Hybrid- und Batteriebetrieb angeboten. Diese nutzten zunächst die Bodengruppen und Aufbauten von Solaris, seit 2021 auch von der türkischen Firma Temsa.

Zur Busmesse in Prag 2011 hatte Skoda erstmals einen Hybridbus auf der Basis des Solaris Urbino 12 mit Cummins-Diesel und Skoda-Elektrik ausgestellt. Mit dem gleichen Grundfahrzeug folgte wenig später ein Elektrobus mit reinem Batterieantrieb.

Seither hat Skoda unter den Typenbezeichnungen H 12 für die Hybridbusse sowie Perun HP und Perun HE für die Batteriebusse mehrere Fahrzeugvarianten überwiegend zu Test- und Vorführzwecken eingesetzt. Ende 2016 lieferte Skoda unter Nutzung des Solaris-Urbino-12-Aufbaus der IV. Generation einen Perun-HE-Batteriebus mit einer erklärten Reichweite von 110 bis 150 Kilometern an den Verkehrsbetrieb der Stadt Trinec.

Zur Messe CzechBus 2011 in Prag wurde erstmals ein Skoda-Hybridbus auf Basis des Solaris Urbino 12 vorgestellt.

Dabei steht Perun HE (High Energy) für Fahrzeuge, die mit Lithium-Polymer-Akkus mit einer hohen Energiedichte ausgerüstet ist, um hohe Laufzeiten mit einer Aufladung zu erreichen. Mit voll aufgeladenen Akkus sollen die Elektrobusse laut Werksangaben im Stadtverkehr mit Fahrgästen bis zu 200 km zurücklegen können. Sie werden standardmäßig während der Abstellzeit innerhalb von 6 – 8 Stunden oder mit einer leistungsfähigen Schnellladeinfrastruktur innerhalb von 70 Minuten aufgeladen.

Die Elektrobusse Skoda Perun HP (High Power) sind mit Akkus von hoher Leistungsdichte ausgerüstet und für die Aufladung mit Hilfe einer vollautomatischen Schnellladestation Skoda UFC (Ultra Fast Charger) an Zwischen- oder Endhaltestellen konzipiert. Diese Elektrobusse sollen mit einer Aufladung ungefähr 30 km zurücklegen können

Ein 2016 für die Stadt Trinec gebauter Batteriebus Skoda Perun HE mit modernem Solaris-Aufbau. (Foto: MDü)

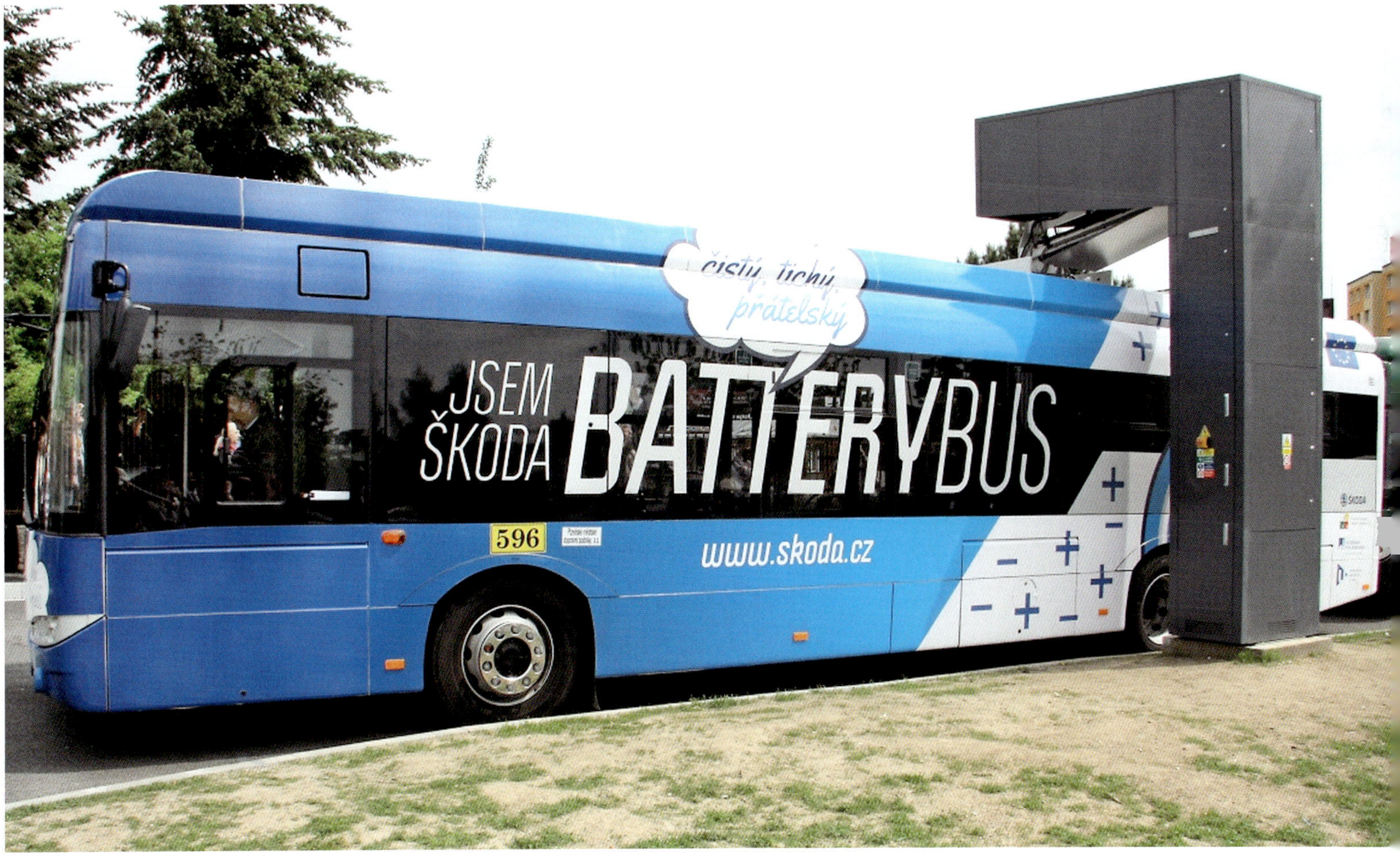

Batteriebus Skoda Perun HP an einer Schnelladestation Skoda UFC während des Tests 2015 in Pilsen.

Skoda Transportation mit 5.000 Beschäftigten in Pilsen und dem Werk Sumperk sowie einer Reihe von Tochtergesellschaften brauchte in dieser Zeit finanzkräftige Unterstützung. Seit dem Herbst 2016 bemühte sich das chinesische Unternehmen CRRC um eine Übernahme des Pilsener Unternehmens. In dieser Situation zeigte aber auch die 1991 vom Tschechen Petr Kellner gegründete PPF Group Interesse und gab am 25.11.17 die Unterzeichnung einer Vereinbarung über den Erwerb von 100 Prozent der Anteile an Skoda Transportation bekannt. Gleichzeitig verpflichtete sich PPF zur finanziellen Unterstützung des angeschlagenen, traditionellen Unternehmens.

Ein weiterer entscheidender Schritt für die Skoda-Busfertigung war 2020 die Übernahme des türkischen Busherstellers Temsa durch Skoda Transportation und die Sabanci Holding. Damit verfolgte Skoda auch das Ziel, künftig wieder komplette Busse innerhalb der Unternehmensgruppe fertigen zu können.

Seit 2021 stellt Skoda sein Stadtbusprogramm neu auf und änderte in diesem Zusammenhang auch die Systematik der Typenbezeichnungen seiner Busse. Bisherige Modelle behalten aber teilweise auch die bisherigen Typkennungen, was nicht zur Übersichtlichkeit beiträgt.

Zum Angebot sollen nun nicht mehr nur Obusse, sondern auch Fahrzeuge mit anderen Antriebskonzepten

Der aktuelle Solo-Obus heißt Skoda T'City 12. Er wurde 2022 in Berlin in einer Ausführung mit zusätzlichen Traktionsbatterien vorgestellt. (Foto: MDü)←

Bereits 2019 kamen einige neun Meter lange Elektrobusse in Budweis zum Einsatz. Nach dem damaligen Typcode wurden sie als Skoda 29BB bezeichnet. Das Aufladen erfolgte teilweise mittels eines doppelpoligen Stromabnehmers über die vorhandene Obus-Infrastruktur. (Foto: MH)↓

Die Inbetriebnahme des ersten Skoda E´City 12 erfolgte in Prag am 22.1.2022, hier zu sehen an der Ladestelle bei der Metrostation Zelivskeho. (Foto. MH)

Der mit einer Ballard-Brennstoffzelle und Skoda-160kW-Asynchronmotor ausgerüstete Wasserstoffbus Skoda H´City 12 auf der Innotrans 2022 in Berlin. (Foto: MDü)

gehören. Zu diesen neuen Typen wurden bisher meist nur unvollständige Daten veröffentlicht.

Seit 2015 lag die durchschnittliche Fertigungszahl bei etwa 100 Skoda-Bussen pro Jahr. Die künftige Entwicklung bleibt abzuwarten, auch im Hinblick auf den starken internationalen Wettbewerb.

Im Jahr 2022 stellte sich das erneuerte Skoda-Portfolio, meist mit Temsa-Aufbauten, wie folgt dar:

Die Obusse werden nun als »T´City« in Kombination mit der Aufbaulänge bezeichnet. Den 2021 zuerst noch als Skoda 36 Tr angebotenen 12-Meter-Bus nennt man demzufolge jetzt Skoda T´City 12.

Die Elektrobusse heißen nun »Skoda E´City« und stehen mit Längen von 12 und 9,5 Metern zur Verfügung. Die 12-Meter-Ausführung hieß zunächst Skoda E'City 36BB, wird inzwischen aber als E´City 12 bezeichnet. Das erste Exemplar wurde zu Testzwecken im Januar 2022 an die Verkehrsbetriebe der Hauptstadt Prag ausgeliefert, im Laufe des Jahres folgten weitere 13 Stück.

Auf der Messe Innotrans 2022 in Berlin war der »H´-City 12« zu sehen, ein Skoda-Bus mit Temsa-Aufbau und Wasserstoffantrieb. Der besonders leise und vibrationsarme Bus fasst bis zu 85 Fahrgäste und soll über eine Reichweite von 350 km verfügen.

Skoda G´City 12 für den Betrieb mit komprimiertem Naturgas. Die Tanks auf dem Dach fassen mindestens 1.260 Liter CNG.

Skoda-Bus D´City mit Cummins-Dieselmotor beim Testeinsatz in Brünn im Oktober 2021: (Foto: MH)

Die Busse, welche über einen Antrieb mit komprimiertem Naturgas (CNG) verfügen, werden als »Skoda G´City« bezeichnet. Bisher wurde eine 12 Meter lange Variante für bis zu 95 Fahrgästen vorgestellt. Die CNG-Speichermöglichkeit beträgt alternativ 1.260 oder 1.704 Liter.

Auch Busse mit Dieselmotoren stehen in der Angebotsliste 2022 und werden »D´City« genannt. Vorgestellt wurde bisher ein 9,5-Meter-Temsa-Aufbau mit einem Motor Cummins ISBE Euro6 250 und einem 6-Gang-Automatikgetriebe. Über die künftige Fertigung von Bussen mit konventionellem Antrieb unter dem Skoda-Label scheint noch nicht endgültig entschieden zu sein.

Fest steht aber, dass die Busse, so wie auch die anderen Erzeugnisse der heutigen Skoda Group ab 2030 einen anderen Namen tragen werden. Ende 2029 sollen die Skoda-Markenrechte entsprechend einer 2022 geschlossenen Vereinbarung an die Volkswagen-Tochter Skoda-Auto a.s. in Mlada Boleslav übergehen.

Anhang

(Foto: ERWE)

Systematik der Skoda- und LIAZ-Typenbezeichnungen

Erst einige Zeit nach der Übernahme von Laurin & Klement und dem Zusammenschluss mit der Automobilabteilung in Pilsen hatte Skoda im Jahr 1929 ein einheitliches System der Typenbezeichnungen für seine Nutzfahrzeuge eingeführt. Dabei bedeuteten die ersten beiden Ziffern die Nutzmasse in Dezitonnen und die dritte Ziffer die Anzahl der Motorzylinder.

Dem entsprach auch die Kennung des letzten, noch vor 1945 konstruierten Lastwagens, des Typs 706 R. Dabei stand der Buchstabe R für »rekonstruiert« und markierte die Weiterentwicklung des 706, der bis 1943 produziert worden war.

Mit dem Beginn der Nachkriegsfertigung des Skoda 706 R wurden auch weitere Buchstabenkennungen eingeführt. So stand RS gemäß dem tschechischen »sklapec« für die Kipperausführung und RO für den Omnibus. Wenn nur die Fahrgestelle gemeint waren, wurde ein »ch« angehängt, wie z.B. Skoda 706 ROch für das Tiefrahmenchassis.

Beim Typ Skoda 706 RT stand das »T« für Trambus = Frontlenkerkabine und die ab 1965 folgende Bauform erhielt die Bezeichnung 706 MT (= modernisovany trambus = modernisiert, Frontlenkerkabine).

Weitere angehängte Buchstaben kennzeichneten z.B. höhere Bordwände (V), Zugmaschinen (T) und Lkw für Sonderaufbauten (H).

Mit der Entwicklung der anfangs als NTR (Neue Typen-Reihe), später als Baureihe 100 bezeichneten neuen Bauform kam ab Anfang der 1960er Jahre bereits für die Prototypen eine neue Kennung zur Anwendung.

Diese hatte zunächst fünf Stellen, wobei die ersten drei die Typenreihe und die Radformel benannten, die nach dem Punkt folgenden beiden die Art des Lastwagens. Ab 1984 wurde die Bezeichnung sechsstellig und umfasste noch die Art des Karosserieaufbaus.

Kennzeichnung der Systematik der LIAZ-Fahrzeuge ab 1984.→

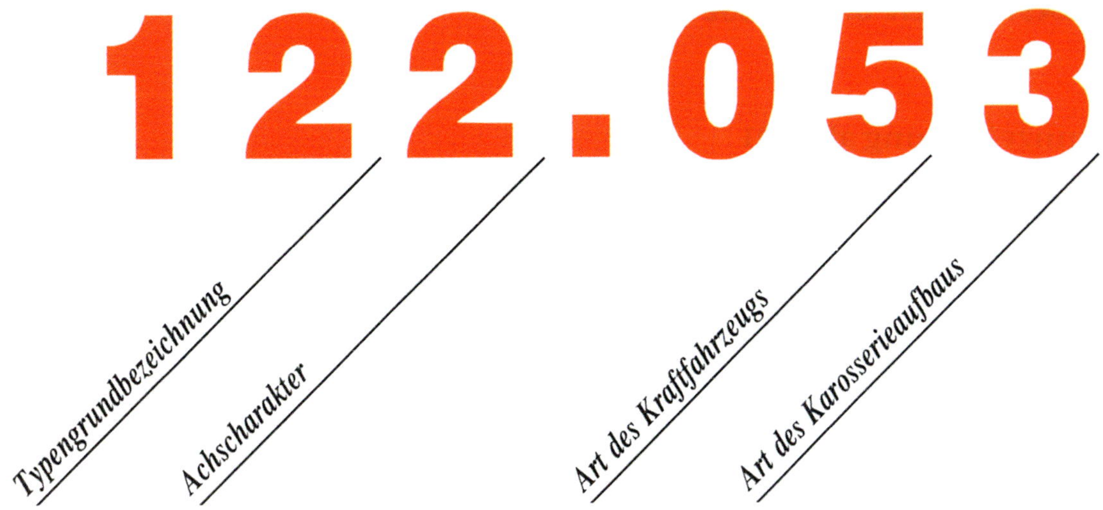

Typengrundbezeichnung
10 zweiachsiges Kraftfahrzeug mit festem Fahrerhaus
11 zweiachsiges Kraftfahrzeug mit Kippfahrerhaus
12 dreiachsiges Kraftfahrzeug mit Kippfahrerhaus
15 zweiachsiges Kraftfahrzeug mit kurzem Kippfahrerhaus

Achscharakter
0 4×2 — zweiachsiges Kraftfahrzeug mit Antriebshinterachse
1 4×4 — zweiachsiges Kraftfahrzeug mit Antrieb auf beiden Achsen
2 6×2 — dreiachsiges Kraftfahrzeug mit einer angetriebenen Hinterachse
3 6×4 — dreiachsiges Kraftfahrzeug mit zwei Antriebsachsen
4 6×6 — dreiachsiges Kraftfahrzeug mit drei Antriebsachsen

Art des Kraftfahrzeugs

01–19 Pritschenfahrzeuge
20–39 Kipper
40–79 Sattelschlepper
80–99 Fahrgestelle für Kommunalaufbauten und Spezialkraftfahrzeuge

Art des Karosserieaufbaus
0 Fahrgestell ohne Karosserieaufbau, Sattelschlepper ohne Drehschemel
1 Ladepritsche mit niedrigen Bordwänden, Sattelschlepper mit Drehschemel
2 Ladepritsche mit erhöhten Bordwänden
3 Ladepritsche mit Plane und Zollverschluß, T.I.R.-Sattelschlepper
4 Ladepritsche für Binnen-Güterfernverkehr
5 Containertransportfahrzeug